CONCOURS

RÉGIONAL

DE PÉRIGUEUX

En Mai 1864

PAR JACQUES VALSERRES.

———

(Extrait du journal LE PÉRIGORD.)

PÉRIGUEUX

J. BOUNET, LIBRAIRE-ÉDITEUR.

1864.

CONCOURS RÉGIONAL

DE PÉRIGUEUX.

CONCOURS

RÉGIONAL

DE PÉRIGUEUX

En Mai 1864

PAR JACQUES VALSERRE.

PÉRIGUEUX

J. BOUNET, LIBRAIRE-ÉDITEUR.

—

1864.

CONCOURS RÉGIONAL

— ◦◇◦ —

COUP D'ŒIL SUR LA RÉGION.

La région, dont le chef-lieu est Périgueux cette année, compte sept départements. Ce sont : le Lot-et-Garonne, la Gironde, la Charente-Inférieure, la Charente, les Deux-Sèvres, la Haute-Vienne et la Dordogne. Cette circonscription se distingue par la variété et l'excellence de ses produits. La Gironde nous donne les premiers vins du monde ; la Charente-Inférieure et la Charente, des eaux-de-vie incomparables ; la Dordogne, des truffes dont la réputation s'étend sur tout le globe ; le Lot-et-Garonne, des pruneaux que l'on cherche vainement à imiter ailleurs ; les Deux-Sèvres sont célèbres par leurs meules, et la Haute-Vienne avait jadis une race de chevaux à nulle autre pareille. Certes, il n'existe pas en France une seule région dont chaque département possède des spécialités aussi remarquables.

A côté de ces produits hors ligne, il en est d'autres qui méritent pareillement d'être mentionnés. La région possède diverses races de l'espèce bovine, dont le travail est la principale aptitude. Les Deux-Sèvres sont le centre du Partenais, dont les divers rameaux, le Choletais, le Nantais, le Maraichin, le Gatinais et le Marchois, occupent presque toutes nos provinces de l'Ouest et pénètrent dans le centre jusqu'aux portes de Paris.

La Haute-Vienne est le berceau de la race limousine qui rend de très-grands services à l'agriculture. Légère, élégante et fine, comme tous les animaux qui vivent sur les terrains granitiques, les éleveurs, afin de lui donner plus de corps, l'ont croisée avec la race agenaise, il y a une quarantaine d'années. Mais le sol contre lequel on lutte vainement fait toujours sentir son influence latente. Les sujets grossis de la race limousine tendent à reprendre leurs formes primitives. Pour ne pas marcher en arrière, il faut que les éleveurs améliorent leurs cultures et nourrissent plus abondamment, ou bien qu'ils ramènent sans cesse le taureau agenais.

L'arrondissement de Bazas est aussi le foyer d'une race qui s'est très-peu répandue, mais qui est excellente pour les labours et les transports. On dit que le bazadais descend des montagnes de l'Ariége, et qu'il s'est grandement amélioré dans la plaine. De toutes les races de la région, c'est celle qui semble avoir le plus d'aptitude à l'engraissement.

Les riches alluvions de la Garonne possèdent une race à haute stature, aux formes un peu massives ; mais que l'on doit considérer comme la plus apte à faire des transports. Le bœuf garonnais encombre les quais de Bordeaux. Il sert aussi à labourer les vignes du Médoc. Après une vie très-laborieuse, il laisse à l'abattoir une excellente dépouille. Voilà un animal qui répond bien à tous les besoins de l'agriculture du sud-ouest.

Encore que la race agenaise n'ait pas une catégorie spéciale dans le programme du concours, elle appartient également à la région. Le département de Lot-et-Garonne est le centre qui l'a vu naître. C'est de là qu'elle rayonne dans tous les pays circonvoisins. La race agenaise n'est qu'un rameau de la race garonnaise ; ce qui la distingue, c'est un peu plus de finesse dans l'ensemble et une stature moins élevée. Elle a d'ailleurs tous les autres caractères de la race garonnaise et en possède pareillement les aptitudes.

Les mules des Deux-Sèvres sont des animaux trop connus pour que je m'arrête à les décrire. Il me suffira de dire que la France exporte chaque année pour plusieurs millions de ces produits, tandis qu'elle tire de l'étranger un nombre considérable de chevaux et de bêtes de boucherie. Il est à regretter que les mules ne figurent pas au concours.

Je ne dois point omettre la vache bordelaise, mélangée de hollandais et de breton, et dont les nombreuses vacheries alimentent la capitale de l'ancienne Guyenne. Ces bêtes sont les bonnes laitières, mais elles se produisent très-peu dans les concours de la région.

L'espèce ovine est beaucoup moins améliorée que l'espèce bovine ; il existe toutefois des types recommandables, qui pourraient devenir la source de races d'élites. Mais il faudrait que les éleveurs connussent davantage les formes qu'il convient de donner au bétail ; qu'ils eussent des notions plus exactes sur les modes d'appareillement, enfin qu'ils fussent plus experts dans l'art de gouverner les troupeaux. Il y a dans la Dordogne, dans les Charentes et dans les Deux-Sèvres des types de moutons dont on pourrait tirer un bon parti. Ces animaux sont sobres, rustiques, vigoureux, mais ils ont trop de jambes et des cols trop longs ; ils manquent d'ampleur et ont des formes anguleuses. Ces graves défauts, il serait facile de les faire disparaître, en prenant dans chaque race les types qui se rapprochent le plus du sujet de boucherie, et en les multipliant entre eux. Malheureusement les idées des éleveurs sont encore si arriérées, sous ce rapport, qu'il faudra bien des années avant que la réforme dont nous parlons se produise sur une vaste échelle. Au point de vue de l'espèce ovine, la région offre une sorte de pêle-mêle, de cahos, au milieu duquel il est très-difficile de se reconnaître.

L'espèce porcine est également très-négligée dans la région. Aux races indigènes on oppose les races anglaises, qui sont bien plus parfaites, mais qui dégénèrent très-promptement. Le Limousin et le Périgord possèdent cependant des types avec lesquels on pourrait créer des races pures, dont la conformation se rapprocherait beaucoup de celle du New-Leicester et du Yorkhire. Je crois que l'on a tort de croiser nos races avec celles de la Grande-Bretagne. Sans doute, avec ce système, on marche plus vite ; mais on introduit la confusion dans nos porcheries, et en définitive, loin d'avancer, on recule. Après un certain nombre de générations, les métis perdent toutes les qualités des deux races primitives et ne conservent que leurs défauts. Je crois que si parmi les races du Périgord et du Limousin on voulait choisir les types les plus beaux et qu'on les accouplat ensemble, on ferait merveilles. Les races ainsi obtenues n'auraient pas à redouter la dégénérescence, le grand écueil contre lequel vont se briser les races étrangères ou leurs produits par croisement.

Notre région, on peut le dire avec orgueil, est une de celles qui ont fait le plus de progrès. Chaque année, lors du concours de Poissy, il est facile de le constater. C'est là que figurent de magnifiques types des races bazadaise, garonnaise, limousine et parthenaise. Jadis tous ces animaux avaient des formes osseuses ; ils étaient hauts de jambes ; ils manquaient de distinction. Aujourd'hui, le concours de Poissy nous offre des sujets du plus grand mérite, aux formes

arrondies, bas de jambes et parfaitement engraissés.
Ces exhibitions sont la preuve éclatante que l'agriculture de la région s'améliore et se perfectionne. Tout perfectionnement dans la culture se traduit aussitôt par une amélioration dans le bétail. Ces deux choses sont inséparables.

Après le concours de cette année, tous les départements de la région auront participé à la prime d'honneur. Quoique récente, cette institution a déjà produit des résultats surprenants ; elle excite l'émulation, le zèle de tous les cultivateurs, en assez grand nombre, qui, chaque année, aspirent à cette haute récompense, et cause une salutaire agitation jusque dans les rangs des plus humbles praticiens. Bientôt elle est appelée à transformer l'agriculture tout entière et à doubler le revenu territorial.

L'intérêt qui s'attache à la prime d'honneur, l'éclat qui réjaillit sur les personnes que cette haute distinction va trouver, sont des faits dignes de remarque. Pour ma part, je considère la coupe d'honneur comme un parchemin qui confère la noblesse agricole. Au moins cette noblesse-là n'a coûté ni sang, ni larmes, ni pillage ; elle a sa raison d'être dans l'intelligence et le travail, les deux plus grandes manifestations de l'Etre suprême. C'est pourquoi je cite avec plaisir le nom des agriculteurs émérites qui ont remporté la prime dans la région. En voici la liste :

1858. —Les Deux-Sèvres. — M. de la Chevrelière ;
1859. — Charente-Inférieure. — M. Bonnemaison ;
1860. — Gironde. — M. Richier ;
1861. — Charente. — M. Thiac ;
1862. — Haute-Vienne. — M. de Nexon ;
1863. — Lot-et-Garonne. — M. de La Roque.

La plupart de ces hommes distingués figurent parmi les membres du jury. On trouvera leurs noms en tête du catalogue.

La région se distingue par deux innovations qui méritent d'être signalées. La première consiste en un concours de métayage dont l'initiative appartient à M. Pichon, membre du comice agricole de Mareuil et juge au tribunal de Périgueux ; la seconde est relative à l'intronisation de conférences qui dureront tout le temps de l'exposition régionale et rouleront sur les questions d'agriculture qu'il importe le plus de débattre.

Le concours de métayage répond à un besoin ; puisque ce mode d'exploitation est propre au centre et au midi de la France, il convient de l'encourager et surtout d'en perfectionner les rouages.

Conçus au point de vue du nord, les programmes des concours régionaux ne tiennent aucun compte des métayers. C'est là une lacune regrettable que la Société d'agriculture de la Dordogne s'est empressée de combler en instituant des prix et des médailles pour cette forme particulière d'exploitation. Je ne saurais trop féliciter cette société savante d'être entrée dans une voie aussi féconde, et je fais des vœux pour que son exemple soit imité dans tout le centre et dans tout le midi. Il faut d'ailleurs espérer que l'administration s'empressera de compléter le programme des concours régionaux, en y faisant entrer le métayage et en lui attribuant une prime d'honneur.

Relativement aux conférences, on peut dire que c'est une excellente idée, et qu'on ne saurait trop louer les personnes qui ont songé à l'appliquer. Selon moi, les conférences doivent être le complément indispensable des exhibitions. C'est là que les mécaniciens doivent venir exposer leurs découvertes et que les cultivateurs doivent nous initier aux détails de leurs pratiques et nous faire connaître les résultats de leurs observations. Les conférences sont donc nécessaires, et si nous sommes étonné d'une chose, c'est qu'elles aient tardé si longtemps à se produire.

LE MÉTAYAGE.

La société d'agriculture de la Dordogne a pris l'ini
tiative d'une mesure qu'il importe de faire connaître tout d'abord. Au concours régional, elle a voulu
annexer un concours de métayage pour encourager
cette forme particulière d'exploitation qui s'étend sur
tout le Centre et sur tout le Midi.

Pour bien comprendre l'importance de cette mesure, il faut rappeler que, depuis quelque temps, les
publications spéciales se livrent à une enquête minu-
tieuse sur le métayage et qu'elles s'efforcent d'en
dégager les éléments les plus propres à favoriser le
progrès agricole.

Il existe, en effet, deux sortes de métayage bien
distinctes. La première est une association du capital et du travail, dans laquelle le propriétaire reste
l'intelligence qui conçoit, et le colon le bras qui exécute. Avec cette forme, le propriétaire conserve l'initiative de toutes les améliorations foncières qu'il s'agit
d'accomplir ; il fournit les capitaux nécessaires ; il
règle les assolements, détermine les modes de culture et choisit le bétail qu'il importe d'élever sur une
exploitation. Le métayer n'est qu'un agent qui exécute
des ordres et qui reçoit pour son travail une partie
des fruits déterminée d'avance.

La seconde forme de métayage n'est point, à proprement parler, une association. Le propriétaire, il
est vrai, donne toujours sa terre à un colon qui lui
assure la moitié des récoltes ; mais, soit ignorance,
soit apathie, le propriétaire s'abstient et laisse l'initiative au métayer. Or, comme le métayer manque
presque toujours de ressources, qu'en fait d'agriculture il ne connait guère que la routine, il en résulte

que toute amélioration foncière devient impossible, que la culture se traîne dans l'ornière, que l'éducation du bétail reste soumise aux préjugés les plus vulgaires.

De ces deux modes de métayage, le premier se trouve dans la Mayenne et sur quelques autres points du territoire. Le second est plus particulièrement connu dans le Centre et dans le Midi. Or, le métayage intégral, c'est-à-dire celui qui constitue une association entre le propriétaire et le colon partiaire, est une forme d'exploitation qui se prête à tous les genres de progrès ; on doit même le préférer au fermage, parce qu'il améliore progressivement le sol. Les colons qui se succèdent de père en fils dans la même ferme n'ont aucun intérêt à dégraisser une terre qu'ils considèrent comme leur patrimoine. Les fermiers, au contraire, font toujours disparaître, vers la fin de leur bail, les améliorations foncières qu'ils ont accomplies durant la première période ; ils ramènent la terre au point de fertilité où ils l'avaient reçue, parce que, sans cette précaution, le propriétaire augmenterait leur loyer. Le fermage est donc un mode d'exploitation qui s'oppose à l'amélioration progressive du domaine agricole, tandis que le métayage intégral ne reconnaît de bornes à ce genre d'amélioration que dans les limites du possible.

Le métayage improprement dit, celui qui s'étend sur la majeure partie de la France, est un obstacle à toute espèce de progrès. Il fait de l'agriculture un vil métier qui se traîne dans les sentiers étroits de la routine. Avec le partage des fruits, les cultures fourragères et les céréales, celles qui exigent le moins de main-d'œuvre, donnent les plus larges bénéfices au métayer. Aussi résiste-t-il à l'introduction des cultures industrielles, qui constituent un véritable progrès. Comme cette culture exige une main-d'œuvre beaucoup trop considérable, elle réduit la part du métayer à de trop faibles proportions comparativement à la part du propriétaire. Ici le partage des fruits par moitié n'est plus équitable ; le colon qui cultiverait en grand la betterave, le tabac, le colza, la garance, devrait avoir dans les produits une part supérieure à la moitié. Ce serait le seul moyen de vaincre sa résistance à l'encontre des plantes industrielles.

Quel est celui des deux métayages qu'il faut encourager ? C'est évidemment celui qui laisse l'initiative au propriétaire et réduit le colon à l'état d'entrepreneur de travaux agricoles payé à la tâche et moyennant une part dans les produits. Avec cette forme d'exploitation, le propriétaire et le colon sont inséparables. Ils forment un être moral, et les encouragements doivent appartenir à l'être moral. Au contraire, lorsque le propriétaire déserte son poste, qu'il abandonne au métayer la direction de la culture, alors les encouragements doivent revenir au métayer tout seul. Mais, je le répète, cette forme d'exploitation, antipathique au progrès ne mérite des récompenses que comme transition. Il faut avant tout la réformer en rendant au propriétaire la direction des cultures qu'il n'aurait jamais dû abdiquer au profit de son métayer.

Le problème à résoudre ainsi posé, quel est celui des deux modes de colonage partiaire que la société de la Dordogne entend encourager ? C'est celui où le colon est tout et où le propriétaire n'intervient que pour prendre la moitié des récoltes. Ce mode est généralement usité dans le pays.

Le second mode, qui laisse l'initiative au propriétaire, est malheureusement trop rare ; on ne saurait donc établir des récompenses pour l'encourager. Mais ce que la société de la Dordogne peut et doit faire, c'est de recommander le métayage usité dans la Mayenne.

Avec le colonage tel qu'il existe dans la région, je conçois que l'on donne des médailles aux colons seuls, et qu'on mette de côté les propriétaires. Dès l'instant que ceux-ci abandonnent la direction de leurs biens et laissent l'initiative à leurs colons, il y aurait une sorte d'injustice à les faire participer aux récompenses. On m'a même cité des propriétaires qui, loin d'encourager leurs métayers dans leurs plans d'amélioration, n'avaient fait que les entraver. Certes, des colons qui marchent ainsi à l'encontre du maître sont dignes des plus grands éloges. Malheureusement les particiens émérites sont fort rares. Ce qui domine dans le pays, ce sont les colons routiniers, inintelligents, réfractaires au progrès.

Or, je le demande, est-ce pour ces hommes-là que la société de la Dordogne a pris l'initiative et a ouvert son concours de métayage ? Je ne saurais l'admettre. La société veut encourager les colons intelligents dont l'exploitation est un véritable modèle ; là s'arrêtent ses prétentions. La société ne s'occupe donc que du mauvais métayage ; elle ne semble pas avoir parfaitement compris que le bon métayage seul peut faire marcher l'agriculture du Midi, et que cette forme d'exploitatation ne peut résulter que de l'association intime du capital et du travail ; hors de là, il n'y a que méprises et déceptions.

J'adjure donc la société de la Dordogne d'étendre le cercle de son programme, de primer, si elle le veut, les métayers laissés à leur propre direction lorsqu'ils auront du mérite ; mais ce qu'elle doit surtout encourager, c'est le métayage tel qu'il est constitué dans la Mayenne. Cette forme d'exploitation, dans laquelle le propriétaire dirige et le colon exécute, a transformé la Mayenne, et, d'un pays pauvre, a fait un pays riche. Si la même transformation s'opérait dans le Midi, cette partie de la France n'aurait bientôt plus rien à envier au Nord, où les cultures industrielles et le fermage ont fait naître une grande prospérité.

Au reste, tous les hommes intelligents comprennent ceci, que les métayers abandonnés à eux-mêmes ne peuvent faire de la bonne agriculture. Ceux qui progressent dans leur état d'abandon sont rares. Parmi les lauréats du concours, on en cite plusieurs qui sont dirigés par leurs propriétaires et qui doivent leurs succès à cette intervention. Sans donner ici le nom de tous ces métayers, je m'arrêterai à un seul, celui qui remporte la médaille offerte par l'Empereur : M. Jean David, colon chez M. le comte de Damas, à Hautefort. M. de Damas considère ses colons comme faisant partie de la famille. Il conserve pour lui la direction de la culture et leur abandonne l'exécution des travaux.

Lorsque, il y a vingt-et-un ans, Jean David s'installa dans la ferme de Hautefort, la terre, très-mauvaise d'ailleurs, était complètement ruinée. Jean David exigea que M. de Damas lui assurât un revenu minimum de 600 fr.

Aujourd'hui, les profits du cheptel sont en moyenne de 2,000 fr. Jean David cultive le tabac et en vend pour 400 fr. Ici comme dans presque toutes les fermes qui ont concouru, le bétail forme le principal revenu. Celui de la ferme de Hautefort a progressé à mesure que les améliorations se sont produites; il était de 600 fr. en 1843; il s'est successivement élevé à 1,000 francs en 1850, à 2,500 fr. en 1861; il est aujourd'hui de 2,800 fr. Certes voilà des chiffres qui attestent de l'excellence du métayage intégral, de l'association intime qui existe entre M. de Damas et son colon Jean David.

On le voit, organisé sur ces bases, le métayage est un instrument de progrès. C'est au contraire le mode d'exploitation le plus détestable, lorsque le propriétaire s'abstient et que l'initiative reste au métayer.

Bien que la société de la Dordogne se soit placée à un point de vue un peu exclusif, on ne saurait trop la féliciter d'avoir attiré l'attention du gouvernement sur la question du métayage ; je pense qu'ainsi posé, le problème ne tardera guère à être résolu, et que bientôt , dans toutes les régions où le sol s'exploite par des colons partiaires, on établira des récompenses pour les encourager. Seulement je fais mes réerves en ce qui concerne l'association intégrale du capital et du travail. Partout où ce mode d'exploitation existera, les récompenses devront appartenir à l'être moral et non personnellement à l'un des associés.

La commission chargée d'examiner les titres des métayers s'est réunie hier dans un local de l'ancienne préfecture. Elle se composait des membres du bureau de la Société d'agriculture et des présidents, des commissions cantonales instituées pour visiter les fermes et classer les colons par ordre de mérite. On sait que la Société d'agriculture avait d'abord adressé un questionnaire aux délégués cantonaux. Or, ce questionnaire contenait une série de demandes relatives à la situation des métairies qu'il s'agissait de visiter. Lors de chaque visite, les commissaires avaient écrit les réponses en regard. Un procès-verbal, rédigé avec soin, constatait l'état de chaque métairie. Ce premier travail fait, on avait dressé un tableau synoptique par canton, indiquant le nom des colons visités, la durée de leurs services, le chiffre du bétail, l'étendue des terres, la proportion des cultures, telles que céréales, racines, prairies naturelles et artificielles, et les produits du cheptel. Dans ce tableau, une colonne spéciale était relative à la moralité des métayers ; une autre indiquait le classement dans le canton ; enfin, une dernière colonne résumait l'ensemble des travaux de chaque candidat et faisait connaître les progrès qu'il avait accomplis.

Tels sont les éléments qui ont servi à la commission pour attribuer les médailles. On voit, par les détails dans lesquels je viens d'entrer, que le travail préparatoire avait été fait avec le plus grand soin, ce qui rendait le classement définitif facile.

Les récompenses à distribuer consistaient, en 12 médailles d'or, 40 médailles d'argent et 20 médailles de bronze. La commission avait le droit de décerner des mentions honorables.

A une heure, M. de Cremoux, président de la société d'agriculture, occupait le fauteuil. M. Daussel, secrétaire général, muni de tous les dossiers des commissions cantonales, a exposé les titres de chaque candidat. Le classement général s'est fait sans donner lieu à de grandes discussions ; mais il n'en a pas été de même lorsqu'il s'est agi d'attribuer les deux médailles d'or données, l'une par l'Empereur, l'autre par M. le ministre de l'agriculture. Parmi les 12 métayers proposés pour les 12 médailles d'or, il fallait choisir les deux plus méritants et leur décerner les deux médailles considérées à juste titre comme d'un degré supérieur aux dix autres.

Afin d'agir plus sûrement, la commission a dû procéder par élimination. On a successivement mis hors concours les neuf candidats les plus faibles. Trois seulement sont restés dans la lice. MM. Jean David, colon de M. le comte de Damas, à Hautefort ; Martial Couturier, colon de M. Valade, à Nontron, et Vergneau, métayer de M. de Segonzac, à Montagrier. C'est sur ces trois habiles praticiens que le débat s'est élevé. On a discuté avec soin leurs mérites respectifs ; on a mis en balance les améliorations que chacun d'eux avait accomplies ; on a tenu compte des difficultés qu'ils avaient eues à vaincre ; puis, après beaucoup d'hésitations, on a éliminé de la liste M. Vergneau.

Alors la discussion s'est circonscrite entre M. Mar-

tial Couturier et M. Jean David. Le secrétaire général,
M. Daussel, a de nouveau lu les titres des deux candidats. Ces titres ont été soigneusement mis en regard
les uns des autres. Reprenant les procès-verbaux des
commissions cantonales, M. Daussel les a lus lentement, et s'est informé auprès des commissaires si les
allégations de ces procès-verbaux devaient être tenues
pour vraies. Sur les réponses affirmatives, et après
divers éclaircissements demandés par des membres,
comme l'assemblée paraissait hésiter, on a proposé
d'aller au scrutin. C'est ce qui a eu lieu, en effet, et la
victoire est restée à M. David (Jean), colon chez M. de
Damas; c'est cet habile praticien qui est l'heureux
lauréat de la médaille de l'Empereur. M. Martial Couturier a obtenu celle de Son Exc. le ministre de l'agriculture. Ainsi s'est opéré le classement des récompenses accordées au métayage. Les discussions auxquelles
il a donné lieu ont offert le plus vif intérêt.

Pour mieux en faire comprendre l'importance, je
crois devoir donner ici un resumé du tableau synoptique qui a servi de guide à la commission dans le
classement des candidats.

M. Vergneau, celui des trois candidats qui se
trouve éliminé, compte trente ans de service dans la
même métairie. L'exploitation comprend 50 hectares,
dont 42 sont en culture. Le froment occupe 18 hectares et rapporte 180 hectolitres, soit cinq pour un,
en supposant que l'on sème deux hectolitres par
hectare. Il y a 3 hectares d'avoine qui produisent
60 hectolitres de récolte. 14 hectares 50 ares sont
couverts de prairies artificielles et 5 hectares de racines. En dehors de cet assolement, il existe 4 hectares 38 ares de prairies naturelles.

Quelle est l'importance du bétail entretenu sur la
métairie de Montagrier ? On y trouve 12 bœufs, 40
moutons, 10 porcs de boucherie; ce qui fait 18 grosses

têtes, en comptant 10 moutons pour une et 5 porcs également pour une grosse tête. Or, comme l'étendue totale du sol productif est de 42 hectares, il en résulte que M. Vergneau ne possède pas une demi-tête par hectare. Cette proportion est sans doute supérieure au chiffre moyen pour toute la France; mais elle n'est pas le signe d'une agriculture avancée. Les concurrents de M. Vergneau ont à peu près une grosse tête par hectare, ce qui explique les préférences de la commission.

Au reste, M. Vergneau jouit d'une réputation excellente. Bien que ses deux concurrents le distancent, il n'en est pas moins l'auteur d'améliorations qui doivent être mentionnées. Il a fait disparaître de nombreuses pierres, qui encombraient la surface et rendaient la culture difficile; il a employé ces pierres à faire du drainage. Il a plâtré ses prairies artificielles; il ne se sert que d'instruments perfectionnés. Il a doublé ses produits ; le bétail rapporte 15 80 en moyenne. Ces résultats désirables sont la preuve de son activité, de son intelligence, et méritent de ma part une mention particulière.

M. Martial Couturier, à qui la commission attribue la médaille du ministre, se recommande par d'autres titres. La métairie de Nontron, qu'il exploite depuis trente ans, compte 37 hectares 50, dont seulement 12 hectares de terre labourable et 6 hectares de prairies naturelles; le surplus est en pâtis. Des 12 hectares de terre labourable, sept comprennent du froment et produisent 112 hectolitres, soit huit pour un; il y a 2 hect. 20 ares de prairies artificielles et 5 hect. 28 ares de racines. Ainsi, sur 18 hectares de terre productive, il y en a onze affectés au fourrage et aux racines, ce qui est une proportion supérieure ou tout au moins égale à celle que l'on rencontre dans les fermes les plus avancées.

Avec une étendue aussi considérable de terre destinée à produire la nourriture du bétail, M. Martial
Couturier ne possède que 15 grosses têtes, ce qui est
un peu moins d'une tête par hectare. C'est là ce que
je ne puis comprendre, car il devrait en avoir davantage. Il est vrai que ses bêtes sont fort grosses. Ses
écuries se composent de 8 bœufs, 3 vaches et de 15 à
vingt porcs de boucherie ; mais il n'a pas de moutons.
Pourtant il possède 19 hect. 50 ares de pâtis qu'il
pourrait utiliser avec un petit troupeau ; c'est là, selon
moi, une lacune dans l'exploitation de Nontron.

Comme ses concurrents, M. Martial Couturier est
d'une moralité parfaite : il a converti des pâtis en
prairie fauchable ; il a pratiqué de nombreuses greffes ;
il a substitué la culture du froment à celle du seigle ;
il a introduit un assolement régulier ; il fait usage
d'instruments perfectionnés, et il se livre à une pro-
pagande agricole fort active ; enfin il a quintuplé le chiffre de son bétail. Lors de son entrée à Nontron, le
cheptel valait 989 fr. ; il vaut aujourd'hui 5,180 fr. ;
aussi les produits sont-ils considérables. Ils s'élèvent,
année moyenne, à 2,800 fr. à partager entre le propriétaire et le métayer. Ces chiffres n'ont pas besoin
de commentaires.

M. Jean David, l'heureux lauréat de la médaille de
l'Empereur, compte de moins longs services dans la
métairie de Hautefort ; il n'y a pas plus de 21 ans qu'il
l'exploite. Lorsqu'il s'y installa, la terre, très-mauvaise
d'ailleurs, était complétement ruinée ; M. David exigea, ainsi que je l'ai dit plus haut, que M. de Damas
lui assurât un minimum de 600 fr. de revenu.

Le domaine comprend 21 hectares, dont 19 en culture. L'assolement comporte 7 hectares de froment,
qui produisent 90 hectolitres, soit environ 7 pour 1.
Il y a 7 hectares d'avoine qui donnent 100 hectolitres
de grains ; les racines comprennent 3 hectares, et les

prairies artificielles 2 hectares 50 ares ; enfin, les prairies naturelles couvrent 5 hectares 70 ares. Ici la proportion des plantes fourragères et des racines est plus faible que chez M. Martial Couturier. Toutefois, le rapport entre les terres cultivées et le nombre de têtes de bétail est à peu près le même. Hautefort compte 2 taureaux, 10 vaches, 7 veaux, 4 porcs; c'est environ 17 grosses têtes , pour 1 hectare de terre cultivable.

Les profits du cheptel sont en moyenne de 2,000 fr. M. David cultive le tabac et en vend pour 400 fr. Ici comme dans presque toutes les fermes visitées par la commission, le croit du bétail compose le principal revenu. Celui de la ferme de Hautefort s'est progressivement accru à mesure que M. David a pu étendre ses améliorations et appliquer son intelligence sur ce sol ingrat. En 1843, lors de son entrée en ferme, le produit assuré par le propriétaire était de 600 fr. Depuis lors, il s'est successivement élevé à 1,000 fr., en 1850; à 2,500 fr., en 1861; il est aujourd'hui de 2,800 fr. Certes, voilà des chiffres qui attestent de l'activité et du savoir de M. Jean David.

Ce métayer émérite a défriché des bruyères ; il fait un grand usage du plâtre, qu'il mélange à ses fumiers ; il n'emploie que des instruments perfectionnés ; en 1862, un bœuf, qui était né et élevé chez lui, a mérité une prime au concours de Poissy; enfin, M. David est pour tous ses voisins un exemple que chacun s'empresse d'imiter. M. David était certainement digne de la médaille de l'Empereur.

J'ai cru devoir extraire des procès-verbaux de la commission les détails que l'on vient de lire, et les faire connaître rapidement à nos lecteurs. Je crois que les faits et les chiffres que je cite offriront un vif intérêt aux propriétaires et aux métayers de la région. Ils feront comprendre que le métayage réformé est appelé à rendre de très-grands services à l'agriculture.

La séance de la commission a été close par un projet de rapport de M. Pichon sur le concours de métayage. Ce travail, qui me semble trop séparer le propriétaire du colon, a soulevé quelques objections. Avec cette forme d'exploitation, le progrès n'est possible que si le propriétaire reste directeur de l'entreprise. Il ne faut pas oublier que le métayage est une association du capital et du travail, et que dans cette association, le propriétaire doit être l'intelligence qui conçoit et le colon le bras qui exécute. Réduit à ces termes, le colonage partiaire doit être préféré au fermage. C'est au contraire le mode d'exploitation le plus détestable lorsque le propriétaire s'abstient et que l'initiative appartient au métayer.

Au reste, demain la question doit être discutée à la conférence. Nul autre problème ne saurait intéresser plus hautement l'agriculteur du Centre et du Midi.

MATÉRIEL AGRICOLE.

Les instruments aratoires et les divers appareils qui les complètent sont à l'agriculture ce que la mécanique est à l'industrie. La culture pastorale n'exige que peu ou point d'instruments aratoires ; il en est de même de l'industrie primitive, qui se borne au fuseau pour filer sa laine et au métier à la main pour la tisser.

La culture du blé a fait inventer l'araire, qui est le type de la charrue. Durant toute la période céréale, les instruments aratoires sont simples et peu nombreux. A l'araire, traîné par de maigres bœufs, il faut ajouter une herse grossière en bois, la faucille pour faire la moisson, le fléau pour dépiquer les épis. Un outillage aussi simple suppose une société primitive dont l'industrie est à peu près nulle, et dont le commerce se borne aux choses les plus indispensables.

C'est durant la période des plantes industrielles que la mécanique agricole se perfectionne. Les plantes industrielles exigent une couche végétale plus épaisse; on invente la charrue et ses différents dérivés, qui fouillent le sol à une grande profondeur, et doublent ainsi la valeur du territoire sans en étendre les limites. Les plantes industrielles réclament de nombreuses façons, des sarclages répétés ; on découvre les houes à cheval, les buttoirs et autres outils qui réduisent considérablement la main d'œuvre. En améliorant la terre, les plantes industrielles accroissent la production du blé, du fourrage et des autres produits. Le surcroit de richesse appelle de nouveaux engins pour les mettre à profit. Alors on voit apparaître les machines à faucher et à moissonner, les machines à battre, les tarares, les faneuses, les rateaux à cheval et mille autres outils qui arrivent à point nommé pour seconder le cultivateur dans ses entreprises nouvelles. Aujourd'hui, il lui reste une dernière mais sublime conquête à faire. Il faut que la vapeur s'applique au labourage, et que cette force motrice infatigable puisse au besoin s'adapter aux machines à faucher et à moissonner. Ce problème difficile est depuis quelques années à l'étude. Il existe déjà plusieurs appareils à vapeur au moyen desquels on laboure la terre. Mais jusqu'ici ces engins ne répondent que très-faiblement au but qu'il s'agit d'atteindre.

C'est surtout depuis l'institution des concours régionaux que la mécanique agricole a fait de grands progrès. Lorsqu'il y a douze ans, les concours furent inaugurés, le matériel agricole y occupait une très-mince place. On n'y voyait guère figurer que des instruments déjà connus. Alors il n'était point encore question de machines à vapeur. Les machines à fau-

cher et à moissonner étaient à peine connues de nom ;
les machines à battre étaient à peine à leur début.

Les expositions universelles de 1855 et de 1860
nous révélèrent tout-à-coup un matériel agricole dont
nous ne soupçonnions pas même l'existence. C'est à
ces exhibitions que figurèrent les machines à battre
anglaises et américaines, les faucheuses et les moissonneuses, les faneuses, les râteaux à cheval, qui
abrègent considérablement la main d'œuvre et réduisent le prix de revient des denrées agricoles.

A côté de ces machines, à peu près nouvelles pour
nous, en figuraient d'autres moins importantes, telles
que charrues, extirpateurs, herses, houes à cheval,
etc. Ces instruments, conçus d'après les meilleurs
modèles, servirent de types à nos constructeurs, alors
en petit nombre. Ceux-ci se mirent résolument à
l'œuvre. Ils firent disparaître des modèles anglais ou
américains ce qu'ils offraient de trop spécial, et avec
notre esprit français, qui tend à tout simplifier, ils
approprièrent les instruments et les machines exotiques aux besoins de notre agriculture. Grâce à l'intelligence et à l'esprit ingénieux de nos constructeurs,
aujourd'hui la France n'a rien à envier ni à l'Angleterre ni à l'Amérique. Sur presque tous les points du
territoire, nous avons de vastes ateliers de construction qui livrent aux cultivateurs d'excellentes machines, des instruments aratoires perfectionnés, d'un
maniement facile, et qui, relativement, ne coûtent
pas cher. Ces progrès aussi rapides de la mécanique agricole dans notre pays, nous en sommes redevables aux expositions internationales, qui nous ont
tout-à-coup révélé les machines et les instruments
aratoires de tous les peuples, et aux concours régionaux, qui ont permis de les faire connaître jusque
dans les plus extrêmes de nos provinces.

Les départements dont se compose la région ne

sont pas encore très-avancés en agriculture. Aussi le
matériel de ferme y est-il encore très-simple. On
commence à se servir des machines à battre, mais il
existe encore fort peu de cultivateurs qui emploient
les machines à faucher et à moissonner, le semoir, la
houe à cheval, etc. La région se livre principalement
à l'élève du bétail et à la culture des céréales. Dans
cette situation, elle n'a pas besoin d'un grand outillage.
Toutefois, l'exposition des machines présente un ensemble très-satisfaisant. Grâce aux soins de M.
Chambellant, commissaire général, et de M. Le Séné-
chal, commissaire adjoint, tous ces engins sont classés avec soin et suivant leur nature. Aussi toutes les
charrues figurent sur une longue ligne, et d'un coup
d'œil on peut en voir l'ensemble. Il en est de même des
herses, des rouleaux, des machines à faucher et à
moissonner, des machines à battre, des machines à
vapeur, des tarares, etc. Ce système facilite les études
et ménage le temps des visiteurs.

Le programme établit deux divisions dans le matériel agricole ; il le considère d'abord comme destiné
aux travaux de l'extérieur et aux travaux de l'intérieur ; ensuite il distingue les instruments et machines
exposés par les constructeurs de la région, puis par
les constructeurs qui habitent hors de la région. Ces
classifications sont utiles ; elles tendent à introduire
la clarté partout où la confusion pourrait se glisser.
Toutefois, comme la plus grande partie du matériel
qui figure sur la place Michel-Montaigne est aujour-
d'hui connue des cultivateurs, je me bornerai à parler
des machines nouvelles ou de celles qui ont reçu des
perfectionnements.

Cette partie du concours embrasse 755 numéros ;
mais comme souvent le même numéro comprend
plusieurs pièces, il n'est pas possible de donner une
statistique exacte des outils, engins, machines, appa-

reils qui forment la collection complète. Seulement, je
puis ajouter, que le concours de cette année est de
beaucoup supérieur à celui de 1855 auquel j'ai également
ment assisté. A cette dernière époque, il restait encore
beaucoup de parties vides sur la promenade de Tourny, tandis que, cette année, la place est insuffisante.
Les machines surtout sont beaucoup trop à l'étroit.

La collection la plus considérable est sans contre-
dit celle des charrues. Il y en a une file qui s'étend
sur la plus grande longueur de terrain réservé au
matériel agricole. Pourquoi cette diversité de modèles ?
C'est parce que la charrue est un outil fondamental,
qui se modifie avec le sol et les influences climatéri-
ques. Dans les pays humides comme l'Angleterre, la
charrue doit être pourvue d'un long versoir qui re-
tourne la bande de terre sans l'émiéter. En France,
dans le midi surtout où la terre est sèche en été, le
versoir, destiné à pulvériser la bande détachée par le
soc, doit être beaucoup plus court. On peut s'assurer
de cette différence par l'examen des divers modèles
qui figurent sur la promenade.

Deux charrues nouvelles appellent l'attention des
praticiens. La première porte le n° 687. Elle est exposée par M. Peltier jeune, et a pour inventeur M. Con-
goureux, cultivateur dans le Tarn-et-Garonne. Cette
charrue, perfectionnée par le constructeur, se compose d'un soc droit. Le versoir est remplacé par une
plaque ronde en fer. Cette plaque tourne à mesure que
l'attelage marche ; elle reçoit la tranche détachée par
le soc et la réduit en poussière. La charrue Congou-
reux s'est produite pour la première fois au concours
de Montauban en 1861. Sa simplicité réduit beaucoup
la dépense de force. Je l'ai vu travailler à différentes
reprises, et j'en ai toujours été satisfait.

La seconde charrue est exposée par M. Audebert ;
elle porte le numéro 496. Elle se compose d'un soc

ordinaire et d'un versoir très-court. Entre le soc et le versoir se trouve un cylindre contiguë qui tourne, et dont le rôle est, dit-on, d'émietter la tranche. Il est possible que le cylindre remplisse le but que se propose d'atteindre l'inventeur. Mais je ne partage pas sa confiance ; il me semble que le cylindre émietteur doit facilement s'arrêter lorsque la terre est humide ou bien qu'il fonctionne dans un sol sablonneux. Je n'ai pas encore vu à l'œuvre la charrue de M. Audebert ; je n'ai point de parti pris contre elle ; néanmoins, il me sera bien permis de ne l'accepter que sous bénéfice d'inventaire.

M. Howard expose sa charrue à vapeur avec tous ses accessoires. Cet engin comprend une machine à vapeur fixe, servant de moteur, des cables et des poulies de renvoi, qui promènent la charrue à travers les sillons. Cet appareil vient de fonctionner à Roanne, où il a obtenu le premier prix dans le concours de labourage à la vapeur. Je ne crois pas que M. Howard ait atteint la perfection du genre. A son appareil, je préfère celui de M. Fowler, celui de M. Smith, celui de M. Colman, que j'ai vu fonctionner en Angleterre en 1862, au concours de Farnimgham.

Je n'ai rien rencontré de nouveau dans les longues séries de herses, de rouleau, de scarificateurs et d'extirpateurs. Les semoirs ne valent pas la peine qu'on les cite ; les butteurs sont peu nombreux ; les rateaux à cheval et les faneuses offrent un bon ensemble ; les véhicules destinés aux transports ruraux sont représentés par deux seuls modèles. Bref, toute cette partie du matériel agricole n'a rien qui pique la curiosité.

Il y a plusieurs spécimens de machines à moissonner et à faucher ; un d'entre eux est tout-à-fait nouveau. Comme le temps me manque pour l'apprécier aujourd'hui, je me réserve, demain, de lui consacrer quelques lignes.

Les machines à faucher et à moissonner sont appelées à rendre de très-grands services à l'agriculture. On sait qu'au moment de la récolte des foins et des blés, les bras sont souvent très-rares, et que même au prix d'un salaire très-élevé, on ne peut pas toujours s'en procurer. De là de grands dommages, d'abord pour le producteur lui-même, qui peut perdre le fruit de son travail, ensuite pour la société tout entière, qui ne saurait se passer de denrées agricoles.

Les nouvelles machines offrent un remède à cette situation. Avec une bonne faucheuse, on peut facilement abattre de trois à quatre hectares de prairies en douze heures. Or, cette tâche ne réclame que deux chevaux et un homme, tandis qu'il faudrait de neuf à douze faucheurs pour couper la même étendue. La moisson d'un hectare de blé, non compris le liage, réclame la journée de cinq à six personnes avec la faucille, de trois hommes avec la sape, et de trois hommes et trois ramasseurs avec la faulx. La même besogne peut se faire en trois heures avec deux chevaux, un conducteur et un homme qui opère la javelle. Ce personnel peut facilement couper de trois à quatre hectares de blé en douze heures.

Ces machines sont donc très-précieuses pour le cultivateur, puisqu'elles lui permettent de faucher ou de moissonner ses récoltes sans avoir recours à des auxiliaires autres que ceux de sa ferme.

Maintenant, peut-on dire que les engins connus ont atteint la perfection, et que leur travail ne laisse rien à désirer? Non ; mais lorsqu'il s'agit d'un problème aussi complexe que la moisson mécanique, il ne faut point être trop exigeant. Il suffit que la machine coupe facilement toutes les tiges et qu'elle débarrasse la voie en faisant sa javelle. Ces deux questions résolues, on ne doit pas demander autre chose.

Dans l'état actuel, presque toutes les machines

coupent bien les tiges, mais il n'en est pas de même de
la javelle, qui est l'écueil contre lequel vont se briser
les inventeurs. Avec la machine Wood, exposée par
M. Peltier jeune, la javelle se fait à la main. Les tiges
tombent sur un tablier, et un homme armé d'un
râteau les saisit et les place hors de la voie. Avec la
machine de M. Daubrée, la javelle se fait au moyen
d'un tablier à claire-voie incliné de 35 degrés, sur
lequel les tiges tombent ; le conducteur saisit de la
main droite un bras de levier, qui fait basculer le
tablier et dépose la javelle sur le sol ; mais ici la
javelle reste sur la voie. Il faut donc que des personnes la débarrassent, afin qu'au retour de l'attelage
la voie soit libre. Or, cette opération, que d'autres
machines exécutent automatiquement ou qu'un
homme exécute pour elles au moyen d'un râteau, il
faut cinq à six personnes pour l'accomplir. Les machines qui laissent la voie obstruée ne remplissent
donc pas le même but que les machines qui la débarrassent. Les premières exigent un personnel trop
nombreux, qu'il n'est pas toujours facile de se procurer au moment de la récolte ; au contraire, les
secondes, en débarrassant la voie, permettent d'exécuter la moisson sans recourir à des auxiliaires
étrangers à la ferme. Il est bien évident que ces dernières auront toujours la préférence.

M. Audebert exhibe une moissonneuse de son
invention qui ne me paraît point appelée à un grand
avenir. Son sécateur, au lieu d'être longitudinal,
comme il existe chez presque toutes les machines du
même genre, est circulaire. La bande qu'il coupe n'a
pas plus de 50 centimètres de largeur, tandis que d'ha-
bitude cette bande dépasse toujours un mètre. Cette
différence place M. Audebert dans un véritable état
d'infériorité vis-à-vis de ses concurrents. Mais ce
n'est pas tout encore. Pour faire la javelle automatique-

ment, M. Audebert a imaginé tout une série d'hélices qui donnent à sa machine un singulier aspect et doivent beaucoup augmenter le tirage. Les tiges tombent sur une première hélice qui les courbe à droite. Une seconde hélice les reçoit, les dispose horizontalement et les lance à gauche sur deux autres hélices. Celles-ci impriment aux tiges un mouvement de recul et les jettent derrière la machine. La voie se trouve ainsi débarrassée. Mais que d'efforts, que de combinaisons pour atteindre un résultat que d'autres obtiennent par des moyens plus élémentaires ! Décidément M. Audebert, inventeur de la charrue à cylindre conique mobile, n'est pas un de ces esprits qui aiment la simplicité. Ce qui lui plaît à lui, c'est la complication, c'est en apparence la hardiesse des combinaisons pour aboutir à un dénoûment ridicule. *Parturiont montes.*

Les machines à battre sont le complément indispensable des moissonneuses. Lorsque, par exemple, au moment de la récolte, les céréales sont chères, ces engins permettent au cultivateur de dépiquer rapidement ses gerbes, et de profiter des hauts cours pour vendre. A un autre point de vue, les machines à battre, par la rapidité même avec laquelle elles opèrent, peuvent, au moment d'une cherté, jetter dans les halles des masses considérables de grains et faire baisser les mercuriales.

Il existe sur la place Michel-Montaigne un très-grand nombre de ces machines ; mais je n'ai point le projet de citer ici le nom de tous les exposants, je dois me borner aux choses nouvelles.

Depuis longtemps, il n'avait été fait aucune modification un peu importante aux machines à battre. L'organe égreneur des épis consistait toujours en un batteur volant, qui tourne avec une vitesse plus ou moins grande, et en un contre-batteur fixe, à l'aide duquel s'opérait la pression de l'épi pour en faire sortir le grain. Ce système n'était point sans inconvénient ; d'abord, il fallait une certaine vitesse pour obtenir le dépiquage complet des épis ; ensuite, malgré les soins que l'on apportait à régler les batteurs, on avait toujours du grains plus ou moins brisé, ce qui était une perte. Signalée dès l'origine par les praticiens, ces défauts étaient restés sans remède.

Mais voici qu'un inventeur de l'Auvergne, M. Pardoux, a eu l'heureuse idée de substituer au contre-batteur fixe en fer des cylindres en caoutchouc qui égrènent l'épi, non plus par *percussion*, mais par *friction*, ce qui permet à la machine de travailler avec la plus faible vitesse et de vider complétement les épis sans que l'on ait à redouter la cassure du grain. Cette découverte, on le voit, vient fort à propos pour rémédier aux imperfections des machines à battre.

L'égreneuse Pardoux, que M. Daubrée exhibe, ressemble, sous tous les rapports, aux engins déjà connus. Elle n'en diffère que par les organes destinés à séparer les grains de l'épi. Elle se compose d'un cylindre à pointes diamantées, qui tourne sur lui même. Ce cylindre a trois satellites, petits rouleaux en caoutchouc, disposés à égale distance, qui se meuvent en sens contraire et avec des vitesses différentes. Ces rouleaux sont sans cesse ramenés sur le cylindre en fer au moyen de ressorts disposés *ad hoc*. La distance qui sépare le cylindre des rouleaux est presqu'imperceptible ; mais elle est suffisante pour le passage des épis. Tels sont les organes distinctifs de l'égreneuse Pardoux. Les autres parties, qui comprennent le secoueur de paille, le ventilateur, la table d'alimentation, sont absolument semblables à ceux des anciennes machines.

Lorsque l'égreneuse est en marche, les épis s'engagent entre le cylindre en fer et les rouleaux en caoutchouc. Les rouleaux s'écartent légèrement pour leur donner passage ; les épis subissent ainsi trois frictions successives qui les débarrassent complétement des grains. Ceux-ci, eux-mêmes, simultanément en contact avec les pointes diamantées du cylindre qui résistent, et la surface plane des rouleaux qui cèdent, se trouvent suffisamment pressés pour sortir de leurs balles, et ne sont point assez fortement pressés pour se casser ou éprouver les moindres avaries. Enfin, les frictions que les grains subissent à travers les cylindres, les débarrassent de toutes les impuretés qu'ils peuvent avoir à la surface, et sont pour eux une sorte de décortication. Certes, voilà des avantages qu'on ne retrouve pas chez les machines ordinaires et qui recommandent aux cultivateurs l'égreneuse de M. Daubrée.

M. Pialoux s'est également efforcé d'apporter certaines améliorations aux machines à battre. Dans ce but, il a construit un manége dont les engrenages sont plus rapprochés que d'ordinaire et au moyen desquels, avec un moteur peu accéléré, il obtient une grande vitesse. Son manége est fait pour les bœufs, qui marchent lentement et qui sont dans la région le principal agent des labours et des travaux agricoles. Les bœufs mettent 45 secondes pour faire un tour de manége. Avec cette allure, calculée sur la moyenne, le batteur fait 895 tours, ce qui représente environ 1,100 tours par minute. Voilà un appareil parfaitement adapté aux besoins de la région. Ce que M. Pialoux vient d'accomplir pour les machines à battre, tous les constructeurs devraient le faire pour l'ensemble du matériel agricole. En économie rurale, il n'y a rien d'absolu ; tout au contraire doit être relatif. Ce principe s'applique aussi bien aux méthodes culturales qu'aux instruments aratoires dont la forme et les dispositions doivent varier suivant les circonstances locales.

M. Cusson est encore l'inventeur d'un manége à traction directe, au service duquel on peut également employer les bœufs, et qui par la simplicité de ses organes doit diminuer beaucoup la force de traction. Ce manége, construit grossièrement en bois, choque plutôt l'œil qu'il ne le flatte. Il se compose d'un grand bâti qui tourne sur lui-même, à la circonférence duquel se trouve une chaîne sans fin, qui communique le mouvement à la machine à battre. Cet appareil est tout-à-fait grossier; mais pourvu qu'il remplisse son but, le cultivateur doit être satisfait. D'autant mieux qu'il est d'un prix accessible aux plus petites exploitations.

Je ne dirai rien des nombreuses locomobiles agricoles qui occupent le terrain ; je me contenterai de citer, en terminant, les machines de MM. Daubrée, Calla, Massonnet, Teuxford, Cressevelle, etc., etc. Cette partie de l'exposition est fort belle; les constructeurs qui concourent ensemble méritent les plus grands éloges.

La vigne est cultivée sur une assez grande échelle dans la région. La Gironde fournit les premiers crus du globe. Les autres départements produisent des vins qui ne manquent pas de mérite. La Dordogne a eu l'excellente idée de faire une exposition départementale, qui pourrait bien donner naissance à un syndicat de vignerons. Ce syndicat serait chargé de vendre la récolte des associés et de la faire ainsi parvenir directement aux consommateurs sans passer par l'intermédiaire du commerce. Donc, puisque la vigne offre de grandes ressources et qu'elle donne du travail à une grande partie de la population, je crois devoir m'arrêter quelques instants sur l'outillage propre à cette branche de culture.

La vigne exige de nombreuses façons. Les plus importantes, celles qui coûtent le plus, sont les labours et les sarclages. Dans presque tout le sud-ouest, les labours se font à la charrue, ce qui réduit considérablement les frais de main d'œuvre. Les cultures superficielles se donnent avec des ratissoires également traînées par les bœufs. La charrue vigneronne et ses accessoires, tels que herse, ratissoires, etc., jouent donc un très-grand rôle dans la région. Aussi l'exposition en compte-t-elle de nombreux spécimens.

Le problème du labourage de la vigne par la charrue est assez difficile à résoudre. Il faut que le soc s'approche assez près des ceps sans les atteindre, et cependant que la bande de terre laissée intacte, soit aussi mince que possible. Cette bande que l'on appelle *cavaillon* doit être retournée à la main, ce qui est un surcroît de dépense.

La charrue vigneronne est donc disposée de manière à ce que le laboureur puisse la manœuvrer facilement. Au printemps, lorsqu'on déchausse, il faut qu'elle puisse s'incliner du côté des ceps, et ramener au centre des lignes la terre qui les recouvre. Ce travail est très-délicat, car, avec la moindre distraction, le laboureur peut ou blesser le pied de vigne, ou enlever les bourgeons qui commencent à paraître. Les façons superficielles de l'été, à une époque où les pampres ont acquis de la consistance, réclament encore des soins minutieux. Il ne faut point que l'attelage puisse abattre soit les pampres, soit les grapes. Enfin, l'opération du chaussage, qui a lieu en automne, bien qu'elle n'offre plus de danger pour la récolte, mérite cependant d'être faite avec précaution. Il faut toujours respecter les sarments qui plus tard doivent être soumis à la taille.

Cet ensemble de précautions compliquent le problème et font de la charrue vigneronne un instrument très-difficile à construire. Sans énumérer ici tous les efforts qui ont été faits à diverses époques pour donner à cet outil la plus grande rectitude possible, je me bornerai à décrire les spécimens les plus modernes. Trois modèles figurent à l'exposition, qui semblent les résumer tous. Le premier appartient à M. Renauld-Goin, le second à M. Clamagerau, le troisième à M. Paris.

La charrue de M. Renauld-Gouin se distingue de ses devancières par une articulation placée sur le sep, à la naissance des mancherons. Cette articulation a pour but de rendre la charrue plus maniable et de permettre d'en changer instantanément la direction. Ce perfectionnement est très-ingénieux ; il me semble être une imitation des houes à cheval articulées dont on se sertdans le nord pour sarcler la betterave. S'il est possible de construire un outil assez bien organisé pour épargner de jeunes plantes semées en lignes, à plus forte raison doit-on, en employant les mêmes organes, pouvoir construire des charrues qui épargnent des arbustes tels que la vigne. Les mancherons articulés sont donc une idée féconde et qui devait ouvrir à la viticulture des horizons nouveaux.

A l'extrémité de l'aâge ou timon, M. Renauld-Gouin place un régulateur ordinaire armé de trois branches. Or, je crois que c'est là un appendice qui ne devait point figurer sur la charrue Vigneronne. En effet, en s'approchant très-près de la ligne des ceps, les branches de ce régulateur doivent rencontrer les jeunes bourgeons et les abattre. C'est à mes yeux un grave défaut : il ne faut pas que du côté qui doit toucher les vignes, la charrue Vigneronne ait la moindre aspérité à opposer, il convient, au contraire, que toutes les parties de ce côté s'effacent le plus possible afin que les jeunes pousses et les pieds n'aient aucune offense à redouter.

Un autre défaut que je signale dans la charrue Renauld-Gouin, c'est une bande de fer qui, de l'extrémité

du versoir, s'attache sur le talon. Cette bande retient
la terre qui s'échappe par-dessus le versoir et détermine ainsi un engorgement de la raie , qui donne
beaucoup plus de tirage et ne laisse qu'un travail irrégulier. D'ailleurs, malgré ses mancherons articulés,
il est peu probable que le soc de cette charrue puisse
s'incliner assez complétement du côté des lignes pour
faire disparaître tout ou partie du *cavaillon.*

M. Clamagéran n'a point recours aux mêmes expé-
dients que M. Renauld-Gouin pour attaquer le
cavaillon. L'auge et les mancherons de sa charrue sont
rigides ; mais derrière le soc principal il en place un
second qui tient au mancheron de droite et qui est
mobile ; ce soc, que l'on fait mouvoir à volonté, se
ferme aussitôt que la charrue arrive vis-à-vis d'un
cep, afin de ne pas l'endommager. Aussitôt l'obstacle
franchi, on écarte le mancheron de droite, le soc se met
en saillie et mord le cavaillon. C'est en manœuvrant
de la sorte que le laboureur peut complétement retourner le sol jusqu'au pied des ceps et même, assure-
t-on, faire disparaître le cavaillon.

Je n'ai point vu fonctionner la charrue vigneronne
de M. Clamagéran ; néanmoins, je doute fort qu'elle
tienne toutes les promesses que l'on fait pour elle.
Au premier aspect, le soc qui s'avance et se retire à
volonté, a quelque chose de séduisant. Mais si l'on
réfléchit à tous les soins auxquels le laboureur doit
veiller, on voit bientôt qu'un seul homme ne saurait
y suffire. D'abord, il faut qu'il aiguillonne ses bœufs ;
ensuite qu'il leur donne une bonne direction, enfin il
faut qu'il ait sans cesse l'œil sur les lignes de ceps, et
qu'il ouvre et ferme successivement le soc mobile.
Quelqu'attentif qu'on le suppose, je crois qu'un
homme ne peut pas simultanément pourvoir à tous
ces soins et que, par conséquent, l'ensemble de l'opération doit en souffrir. Il arrivera plus d'une fois que

les bœufs changeront de direction au moment où leur conducteur sera distrait par la manœuvre du versoir mobile. Que se passera-t-il alors? Si les bœufs inclinent du côté des lignes, le soc atteindra les ceps ; si, au contraire, ils inclinent en sens inverse, le soc mobile ne pourra plus attaquer le cavaillon. Il en résultera, un travail irrégulier, imparfait, qui ne mettra pas les ceps à l'abri de toute offense et qui ne dispensera pas de retourner le cavaillon à la main. Donc la charrue Clamagéran ne me semble pas résoudre complétement le problème.

La charrue Paris, approche-t-elle davantage de la perfection? Je ne saurais me prononcer sur ce grave sujet; mais il me semble qu'elle est plus savamment construite, et que par suite elle doit mieux répondre au but qu'il s'agit d'atteindre. Le soc et le versoir de M. Paris diffèrent peu du soc et du versoir des charrues rivales. Toutefois, M. Paris ajoute au-dessus du soc une petite plaque en fer qui retient la terre détachée de la bande et l'empêche de tomber dans la raie. Il prévient ainsi l'inconvénient que je viens de signaler chez la charrue de M. Renauld-Gouin.

Comme ce dernier, M. Paris, pour rendre le changement de direction plus facile, a recours aux articulations. Mais au lieu d'une seule, il en emploie deux. La première articulation est placée à l'extrémité du cep ; la seconde, vers le milieu des mancherons. En desserrant une vis, toute la partie postérieure de la charrue, qui était rigide, devient flexible et peut prendre trois lignes différentes. C'est au moyen de ces brisures que M. Paris obtient des changements de direction sans le moindre effort. A l'extrémité de l'aâge, M. Paris place un régulateur à crémalière, qui se compose d'une seule pièce verticale, et qui, par conséquent, ne peut offrir aucune saillie dangereuse pour les jeunes pousses. Avec sa double articulation, M. Paris prétend qu'il peut attaquer le cavaillon et le faire disparaître. C'est là une allégation que je n'ai pu vérifier, et dont les praticiens seuls peuvent rendre témoignage. En agriculture comme, du reste, dans toutes les branches du travail humain, la pratique est toujours la pierre de touche de la théorie.

La maladie de la vigne, que l'on guérit avec le soufre, a fait imaginer divers appareils, au moyen desquels on emploie cet antidote. Ces appareils sont nombreux à l'exposition. Je citerai entre autres le soufflet de M. de Lavergne et le sulfurateur de M. Gouguet, qui sont plus particulièrement connus des vignerons du Midi.

Les appareils à l'aide desquels on exprime le vin qui reste dans le marc après les découvaisons, sont également très-nombreux. Le pressoir Samin, que l'on applique aussi à l'industrie, figure en première ligne. Cet engin se compose d'un mécanisme non moins simple qu'ingénieux ; un seul homme peut le manœuvrer ; il est pourvu d'un manomètre indiquant la pression, ce qui permet de la régler à volonté ; il ne coûte que 600 fr. et peut suffire au travail de 40 vendangeurs; c'est donc un outil d'une grande utilité pour la viticulture. Après le pressoir Samin, je dois encore mentionner ceux de MM. Pialoux, Bazinet, Andreau, Pichot, etc.

Le Midi de la France, et plus particulièrement les régions du sud-ouest se livrent à la culture du maïs sur une assez grande échelle, de là les égrenoirs pour séparer le grain des fuseaux. Ces petits appareils figurent en très-grand nombre sous les tentes. Il me suffira de mentionner ceux de MM. Boulley, Desport, Perrier, Carolis, Mothes, etc.

Il y a bien encore d'autres instruments qui sont particuliers à la région, mais l'espace et le temps me manquent pour en parler ici; je me borne à ceux que

je viens de décrire, parce que la viticulteure est une industrie de premier ordre et dont il importe de faire
connaître les moyens d'action.

ESPÈCE BOVINE.

C'est avant-hier à midi que les animaux devaient être
rendus sous les tentes, et que le jury devait procéder au
classement. Je dois à l'obligeance de M. Chambellant,
commissaire général, d'avoir pu pénétrer dans l'enceinte, ce qui m'a permis de commencer aussitôt mes
études.

La partie relative à l'espèce bovine est fort belle. Le
catalogue comprend 467 déclarations tant mâles que
femelles ; mais il y a quelques cases vides. L'ensemble
est admirable. Il y a de très-beaux sujets parmi les
races indigènes. Je puis constater que la région ne
s'arrête pas dans la voie de progrès qu'elle suit depuis l'origine des concours. Si parmi les exposants il
en est encore quelques-uns de retardataires, la masse
a fait des efforts qui méritent les plus grands éloges.
Qu'ils reçoivent donc ici mes sincères félicitations.

Dans l'ordre du catalogue, la race garonnaise vient
en premier lieu. Après elle se place la race limousine.
Ces deux races qui, selon le catalogue, devraient être
pures, laissent beaucoup à désirer par suite de leurs
mésalliances. Le garonnais pur doit avoir la robe froment miroitée et les cornes descendantes ; il n'admet
pas les tâches noires ou blanches. Son pelage doit
être uniforme. Eh bien ! ces caractères ne se trouvent
pas chez tous les animaux classés dans cette catégorie.
Ainsi la robe froment miroitée n'est que l'exception ;
bon nombre de cornes sont en forme de croissant
Chez plusieurs sujets, on constate du poil noir dans

les oreilles, des tâches noires au bord des yeux et sur le mufflc ; quelques-uns ont des tâches blanches. Toutes ces bizarreries, que l'on ne rencontre jamais chez le garonnais pur, proviennent de croisements avec le bazadais, avec le gascon et autres races qui se rapprochent plus ou moins du bassin de la Garonne. Il est vraiment regrettable que les éleveurs n'apportent pas plus de soin pour préserver leurs races de tout mélange.

Lorsqu'on examine avec soin la première catégorie, on remarque dans les détails de très-grandes différences. Prenez la section des vaches de plus de 3 ans. Qu'y voyez-vous ? des animaux considérablement améliorés et dont les formes tendent à se rapprocher de celles du durham. Mais dans la même section, vous retrouvez des animaux qui rappellent les anciens types, à la tête massive, aux cornes fortes, aux jambes épaisses et longues, aux formes anguleuses et manquant d'harmonie. Cette étude est des plus intéressantes. Ainsi, les vaches de MM. Mailhard de la Couture (n° 43), Pierre Carle (n° 36), Régémon (n° 51), Méneguerre (n° 46), laissent peu à désirer. Mais à partir du n° 52 jusqu'à la fin de la section, les concurrents n'ont plus la même valeur. On est forcé de reconnaître que les propriétaires de ces animaux sont des gens timides, n'acceptant le progrès qu'à demi. En voyant la queue d'une de ces vaches, qui forme encore une assez grande saillie, je disais à l'éleveur: pourquoi n'effacez-vous pas davantage cet appendice ? — Cette queue est assez bonne pour moi, me répondait-il. — Soit, répliquai-je, elle vaut déjà beaucoup mieux que l'ancienne. Vous avez fait la moitié du chemin ; votre fils, qui n'aura pas connu les anciennes queues si disgracieuses, fera sans doute le reste. C'est égal, il est triste de penser qu'il aura fallu deux générations pour corriger un défaut si minime.

Dans plusieurs de nos provinces méridionales, on attache une trop grande importance à la disposition de la queue chez l'espèce bovine ; on pense en général que la queue saillante est un signe de force, et que partout où on fait travailler les bœufs, cette disposition doit être .préférée ; mais c'est là une idée fausse. Un bœuf dont la queue est rentrante est tout aussi bon travailleur. Or, comme la queue saillante donne à l'animal un air disgracieux, il convient de lui substituer l'autre que les Anglais, nos maîtres en cette matière, préfèrent.

Les vaches sont généralement plus belles que les taureaux. L'amélioration est surtout très-sensible chez les plus jeunes ; c'est que la femelle étant déjà plus fine par elle-même, le moindre perfectionnement qu'on lui fait subir est beaucoup plus sensible. Dans la section des génisses de 2 ans au plus, on verra avec plaisir les types exposés par M. Benoist (n° 28), et par M. de Menou (n° 30.) Dans les génisses de 2 à 3 ans, les prix doivent appartenir à MM. Benoist (n° 36), de Calbiac (n° 38) et Laffon (n° 34).

Les taureaux sont rangés en deux sections ; les jeunes me paraissent avoir de meilleures formes que les plus âgés. Par ordre de mérite, je classe les jeunes de la manière suivante : le n° 12, à M. Labadie ; le n° 15, à M. Fauloux ; le n° 8, à M. Carretey ; le n° 16, à M. Meneguerre.

Les taureaux de deux ans et au-dessus ont moins de finesse que les jeunes. Je leur reproche d'être trop longs de corps, ce qui nuit à la rectitude de la ligne dorsale et leur donne un air dégingandé qui les déprécie beaucoup. Ce défaut se retrouve à un plus haut degré chez les mâles de la race limousine, qui devrait être plus courte que la race garonnaise. J'y reviendrai tout à l'heure. En attendant, voici comment je classe les taureaux garonnais de deux ans et au-dessus. Le n° 22, à M. Cart ; le n° 20, à M. Chaume ; le n° 24, à M. Courrèges ; le n° 26, à M. St-Avit-Duvigneaud.

J'arrive à la race limousine, que le catalogue qualifie de pure, et dont il n'existe peut-être pas une seule tête sous les tentes qui puisse mériter cette épithète.

Comme tous les animaux qui vivent sur les terrains granitiques, la race limousine pure était petite, légère, rustique. Les éleveurs qui font tous leurs labours et leurs transports avec la vache, voulurent grandir sa taille et lui donner plus d'ampleur, afin d'en obtenir plus de services. Comment résoudre ce difficile problème ? Deux voies étaient ouvertes : améliorer les cultures afin de nourrir plus amplement ; donner aux vaches limousines des taureaux de forte taille afin de grandir leurs produits. C'est cette dernière voie qui a été suivie par les éleveurs. Ils ont fait venir des taureaux agenais et les ont alliés avec leurs vaches. Ces croisements ont fait disparaître l'ancienne race limousine. Aujourd'hui il existe la plus grande analogie entre le limousin et le garonnais, parce que l'agenais lui-même n'est qu'une dérivation de cette race.

Le problème résolu par les éleveurs du limousin est-il définitif ? Non ; comme le sol et le climat reprennent toujours leurs droits méconnus par les croisements, la race limousine tend sans cesse à revenir au type primitif. Les croisements d'abord si volumineux s'affinent, et bientôt, pour maintenir leur forte stature, il faudra ramener le taureau agenais. Ainsi, les éleveurs qui espèrent grandir leurs races par le métissage sont fatalement destinés à recommencer leur œuvre, s'ils veulent la maintenir stable.

Un moyen beaucoup plus simple s'offrait aux propriétaires du limousin. Au lieu d'avoir recours au taureau agenais, ils auraient dû donner l'élément calcaire à leur sol granitique, faire des améliorations foncières, cultiver en grand les racines et les fourrages ; ils auraient ainsi obtenu une masse plus considérable de substances alimentaires pour leur bétail, et en le nourrissant beaucoup mieux, ils auraient développé ses formes et grandi sa taille ; avec ce système, ils auraient sans doute marché plus lentement ; mais les améliorations que leur race bovine aurait subies seraient durables, tandis qu'avec les croisements, la nature défait d'une main ce qu'ils s'efforcent d'accomplir de l'autre.

Ce que je reproche aux sujets de la race limousine qui figurent à l'exposition, c'est d'être des métis. La plupart d'entre eux pourraient tout aussi bien être classés dans la race garonnaise. Je trouve même que les éleveurs du prétendu limousin ont exagéré chez lui les défauts de l'ancienne race de la Garonne, qui avait le corps d'une longueur démesurée. Sous ce rapport, les éleveurs du garonnais lui ont fait subir de notables réformes, tandis que les éleveurs du limousin semblent n'avoir qu'un seul but : donner à leurs taureaux une longueur qui leur est préjudiciable.

Hier, le propriétaire du n° 125, me demandait mon avis sur la valeur de son produit. Ce taureau me parut tellement ensellé que je portai sur lui un jugement très-sévère. Il avait quelque chose de choquant dans son ensemble. Mais après l'avoir examiné en détail, chaque partie de son corps offrait un certain mérite. Il avait une très-belle culotte, bien descendue ; les hanches et l'échine larges, la tête petite, les jambes basses ; si cet animal avait été plus court, je l'aurais sans doute classé au premier rang. Avis donc aux éleveurs qui aiment les longues tailles. Ce qu'il faut aujourd'hui, ce sont des animaux doublés, cylindriques, bas de terre, parce que seuls ils sont précoces, parce qu'ils s'engraissent plus facilement, parce qu'ils peuvent ainsi donner la viande à bon marché.

J'arrive maintenant à l'exposition. Dans la section des jeunes, la bande est très-nombreuse. Après un examen attentif, voici comment je distribuerais les récompenses : 1er prix, à M. Bugeaud, pour le nº 63 ; 2e prix, à M. Fizot-Lavergne, nº 74 ; 3e prix, à M. Laurencé, nº 110 ; 4e prix, à M. Gabriel, nº 105. M. de Léobardie, nº 73, expose un très-bel animal, qui renferme du bazadais et auquel je n'accorde rien pour ce motif.

Dans la section des adultes, il y a de très-jolis modèles auxquels je reproche d'avoir trop de longueur ; en choisissant les types les plus courts et les plus doublés, voici comment je classerais les médailles : 1er prix, à M. Léobardy, nº 119 ; 2e prix, à M. Mailhard de la Couture, nº 113 ; 3e prix, à M. Pouyat, nº118 ; 4e prix, à M. de Lentilhac, nº 141. Ce que je pourrais encore reprocher aux éleveurs, c'est d'affectionner les jambes trop hautes.

Les femelles présentent plus de suite dans leur ensemble que les mâles. Parmi les plus jeunes, je remarque le nº 151, à M. Blanchon ; le nº 153, à M. Pouyat ; le nº 159, à M. Galard de Béarn. Ces trois sujets remporteront très-probablement les médailles. Néanmoins, je dois encore citer les nºs 146 et 147, appartenant à M. Bugeaud.

Les génisses de deux ou trois ans offrent de beaux modèles. Je signale avant tout aux visiteurs le nº 162, à M. Dadat ; le nº 183, à M. Pouyat, et le nº 174, à M. Guybert. Après viennent les nºs 184 et 163, à M. de Damas ; le nº 181, à M. Cavailhon, et le nº 182, à M. Galard de Béarn.

Enfin, dans la section des vieilles vaches, il m'a fallu y revenir jusqu'à trois fois avant de me prononcer. Au premier rang, je place le nº 208, à M. Galard de Béarn ; vient ensuite le n° 201, à M. Dechabaque, puis le n° 186, à M. de St-Avit-Duvigneau. Des mentions très-honorables appartiennent au n° 199, à M. Pouyat ; au n° 198, à Lamazière ; au n° 189, à M. de Léobardy. La section tout entière offre un ensemble des plus satisfaisants.

La race garonnaise et la race limousine sont les plus importantes de la région. Il me reste encore à parler du bazadais et du parthenais, qui occupent une moindre place et qui cependant jouent un très-grand rôle au point de vue des labours.

Lorsqu'on parcourt l'exposition et qu'on étudie les deux races bazadaise et parthenaise, on est frappé des rapports qui existent entre elles. Elles ont à peu près la même robe, la même stature, la même conformation. On dirait qu'elles ont une origine commune et que les dissemblances légères qui les séparent sont le résultat du sol, du climat et de l'éducation. On a tout lieu de supposer, en effet, que ces deux races sont originaires de l'Ariége, et que de là, elles se sont répandues dans tout l'Ouest et jusque dans les montagnes du centre.

Les deux races de l'Ariége dont je parle sont la carolaise et la saint gironaise. Toutes deux ont le pelage gris bléreau plus ou moins foncé, ce qui est le cachet des races primitives ; mais ce qui les distingue, ce sont des marques constantes qui se retrouvent chez les deux types et leur donnent à chacune sa personnalité. La carolaise a le tour des yeux, l'anus et le scrotum de couleur rose, tandis que chez la saint gironaise ces mêmes parties sont noires. Ce sont là les signes auxquels on reconnaît ces deux races, et qui permettent de ne point les confondre l'une avec l'autre.

Ces signes particuliers se retrouvent-ils chez les races de plaine, que l'on suppose originaires de l'Arriége ? Assurément. Ainsi la bazadaise pure doit avoir

le tour des yeux, l'anus et le scrotum de couleur rose,
tandis que la parthenaise et ses dérivés doivent avoir
le tour des yeux, l'anus et le scrotum de couleur
noire. Ces marques caractéristiques doivent être le
guide des éleveurs.

Ce qu'il y a de très-remarquable, c'est que les émi-
grations de la race carolaise se trouvent circonscrites
dans la Gironde et quelques pays voisins, tandis que
la saint gironaise semble avoir peuplé de ses colonies
plusieurs départements de l'ouest et du sud-ouest,
ainsi que les montagnes du centre. La race gasconne,
dont le foyer est dans la Gironde, est une émanation
de la saint gironaise ; elle en a le cachet distinctif. La
parthenaise et ses dérivés, la nantaise, la maraichine,
la choletaise, la marchoise et la gatinaise conservent
aussi les mêmes marques. Enfin on les retrouve encore chez l'aubrac, qui habite les montagnes de la
Lozère et les contreforts de l'Auvergne, et dont l'analogie avec la parthenaise est des plus grandes.

Maintenant que nous connaissons la filiation des
deux races qui forment la 3ᵉ et la 4ᵉ catégorie du
catalogue, étudions-les avec détail.

J'ai examiné très-soigneusement les animaux de la
race bazadaise; chez tous, j'ai trouvé le tour des yeux,
l'anus et le scrotum de couleur rose ; pas une seule
de ces parties n'était atteinte de macurature noire.
J'en conclus que les éleveurs du bazadais sont très-
jaloux de conserver leur race pure ; d'un autre côté,
ils font des efforts très-louables pour corriger les
défauts de la race primitive et lui donner des formes
plus en harmonie avec les idées modernes. Il y a
sous les tentes des types bas de jambes, à la culotte
retombante, à l'échine large, au corps cylindrique. Ce
qui dépare encore le bazadais, c'est sa tête lourde et
couverte de poil. Il faut que les éleveurs lui en
substituent une plus petite et dépourvue de ce long

toupet qui donne un aspect sauvage ; il faut aussi qu'ils réduisent le fanon. Avec ces réformes, le bazadais se rapprochera beaucoup du durham.

Les taureaux qui figurent sous les tentes présentent un ensemble très-suivi. Ce n'est point dans cette catégorie, qu'à côté d'animaux irréprochables, on rencontre des animaux médiocres. Tous ou presque tous ont du mérite. Parmi les jeunes, les médailles sont acquises au n° 220, appartenant à M. Boireau ; au n° 217, à M. de Bienassis, et au n° 218, à M. Descacq. Parmi les adultes, M. Saige, n° 228, M. Magoudeaux, n° 221, et M. Mislet, n° 226, remportent les trois prix affectés à la section.

Les femelles, assez peu nombreuses, n'ont rien à envier aux mâles et comme ensemble et comme rectitude de formes. Dans la première section, les médailles appartiennent à M. Saige, n° 232, et à M. Chanterre, n° 231. Dans la seconde, M. Saige, n° 233 et M. Boireau, n° 235, sont les lauréats. Enfin, dans la troisième section, les trois médailles se distribuent entre MM. Souberan, n° 238, Peyrusse, n° 237, et Laverny, n° 240. La race bazadaise est de toutes celles qui figurent au concours la moins nombreuse. Il est vrai qu'elle est circonscrite dans un faible périmètre.

La race parthenaise et ses dérivés est, au contraire, fort répandue. Le parthenais, proprement dit, qui a son centre dans les Deux-Sèvres, affecte la plus grande ressemblance avec le bazadais. Le pelage, la stature, les formes sont à peu près les mêmes. Ce qui les distingue radicalement, ce sont les marques noires qui se trouvent autour des yeux, sur l'anus et au scrotum Avec cette boussole, il n'est pas possible de confondre les deux races.

Le nantais et le maraichais ont une stature plus forte, des jambes plus longues et une charpente osseuse plus lourde. Le nantais vit dans les marais de la Loire-

Inférieure ; son pelage est rouge foncé. Le maraichain se trouve dans les marais des Deux-Sèvres et de la Charente ; son pelage est foncé, tirant sur le noir. Le marchois, qui peuple la Creuse, est fauve froment. Le gatinais, qui s'étend jusque dans le Berry, est presque froment. De toutes les tribus émanées de la parthenaise, la gatine est celle qui a la peau la plus fine et l'ossature la moins forte. Ces différentes variétés se reconnaissent aux signes qui caractérisent la parthenaise ; seulement le tour des yeux, l'anus et le scrotum, très-noirs chez cette dernière, se retrouvent avec des nuances moindres dans les divers rameaux. Chez la gatine, le noir tend à disparaître.

Après ces données générales indispensables pour bien fixer le visiteur, j'arrive à la race parthenaise pure, qui n'est pas très-nombreuse. Ici encore, j'ai examiné avec soin les concurrents, et j'ai pu constater que tous, à l'exception de deux, sont de véritables parthenais. Les deux types qui, selon moi, appartiennent à la race bazadaise, ou tout au moins ont du sang de cette famille, sont les n°s 244 et 246, appartenant à MM. Villemaine et Aufort. Ces animaux ont le tour des yeux, l'anus et le scrotum couleur rose, ce qui suppose une mésalliance avec le bazadais. Cette mésalliance ne saurait leur être nuisible. Le bazadais a subi de plus grands perfectionnements que le parthenais. Les éleveurs de cette dernière race sont un peu en retard. Il n'est donc pas étonnant que les métis bazadais-parthenais remportent des médailles. Parmi les jeunes, les prix appartiennent à MM. Aufort et Beaudet, pour les n°s 246 et 245 ; parmi les adultes, les deux seuls concurrents ont chacun une récompense. Ce sont M. Beaudet, n° 247, et M. Bisteau, n° 248.

Les femelles, un peu plus nombreuses, sont parfaitement pures. Elles me paraissent avoir des formes plus améliorées que les mâles. Dans la première section, les récompenses appartiennent à M. Beaudet, n° 251, et à M. Audebert (n° 249). Dans la seconde section, les lauréats sont M. Beaudet (n° 254), et M. Tristant (n° 256). J'ai remarqué la génisse (n° 257), à M. Gaignard , qui m'a paru fort belle. Enfin, dans la section des vieilles vaches, M. Gaignard (n° 261), et M. Beaudet (n° 259), sont les heureux lauréats.

La race dite nantaise n'est que faiblement représentée. Elle compte à peine quelques têtes. Je remarque parmi elles le n° 264 qui est un parthenais pur et qui n'a rien de nantais. Certains éleveurs trouvent commode de déclasser leurs animaux, et cela dans le but d'obtenir un plus grand nombre de récompenses. C'est là une supercherie que les membres du jury ne devraient point permettre. Il y a un éleveur de la Gironde qui possède de nombreux Ayrshire purs qu'il n'a pas craint de répartir dans les croisements divers sous la dénomination d'Ayr-hollandais. Je ne comprends pas qu'on se moque à ce point de ses juges.

La race nantaise est réduite à un prix unique pour les taureaux et à quatre prix pour les femelles. M. Apercé (n° 265) a obtenu la médaille unique des taureaux; les quatre médailles pour les femelles appartiennent à MM. Tristant (n° 268) ; de Noussat (n° 270) ; Bisteau (n° 275), et Gaignard (n° 272).

La catégorie des races françaises diverses pures est une espèce de *caput morturum* où figurent toutes les médiocrités de l'espèce bovine. Cette catégorie compte des maraichins, des charollais, des gascons, des aubrac, des flamands, des bretons, des normands, des gatinais, des périgourdins, des salers, des bordelais. De toutes ces races, deux seulement ne me paraissent pas convenir à la région. Ce sont le flamand et le normand, qui aiment les gras paturages et ne sauraient se plaire dans un pays où il est difficile de se procurer des nourritures vertes durant l'été. Il faut donc rejeter ces deux types. Ils conviennent aux grands seigneurs qui font de l'agriculture pour se distraire ; mais le véritable praticien doit bien se garder de leur ouvrir ses étables.

L'ensemble des races françaises diverses est médiocre comme toujours. Le 2e prix des jeunes mâles appartient à M. Gaston pour le charollais (n° 277), et le 2e prix des adultes à M. de Segonzac pour le flamand (n° 280). Le 2e prix des jeunes génisses est échu à M. de Léobardy pour une charollaise (n° 281) assez mauvaise et dont le poil laisse beaucoup à désirer. C'est encore une charollaise (n° 284) de M. Gaston qui remporte le 1er prix des génisses de 2 à 3 ans. Mais déclarée charollaise pure, cette génisse a beaucoup de durham. Dans la même section, M. de Damas obtient le 2e prix pour une normande (n° 288). Enfin, dans la section des vaches, la charollaise (n° 300), à M. Gaston, mérite la médaille d'or, la charollaise (n° 290), à M. de Léobardy, la médaille d'argent, et la bretonne (n° 292), la médaille de bronze. On voit, par cette répartition, que la race charollaise peut très-bien s'acclimater dans la région.

J'arrive au durham qui compte un plus grand nombre de sujets. Cette race ne convient pas à un pays granitique, ou tout au moins beaucoup trop sec en été et dans lequel les herbages sont très-rares. Les principaux éleveurs de cette race appartiennent à la Haute-Vienne. Aussi, il faut voir comme leurs élèves ont perdu cette ampleur de formes qui les caractérise en Angleterre ; combien de courtes qu'elles étaient leurs jambes sont devenues longues. Ces changements sont la conséquence fatale de l'influence que le sol et le climat exercent sur les races exotiques. Lorsqu'on se rappelle ce qu'étaient les anciens types de bœufs et de chevaux en Limousin, on n'est point surpris

que sur des terrains granitiques le durham perde de
son ampleur, que ses jambes s'allongent, qu'il tende
insensiblement à se rapprocher des races primitives
de bœufs avant qu'on les eut modifiées par des croisements avec l'agenais.

Dès-lors on se demande ce que prétendent faire les
éleveurs de durham : s'ils veulent seulement charmer
leur loisir, libre à eux de dépenser leur superflu
comme ils l'entendent. Mais s'ils veulent faire de l'éle-
vage sérieux et se donner en exemple à leurs conci-
toyens, alors je proteste, parce que la voie dans laquelle ils sont engagés serait la ruine de l'agriculture
méridionale. Ce qu'il nous faut ici, ce sont des races
de travail qui fassent les labours et les transports, et
qui cependant n'aient point la charpente osseuse trop
forte, les jambes trop hautes, le corps trop long, afin
qu'elles s'engraissent à peu de frais. Le durham est
donc une véritable anomalie dans la région ; aussi je
ne comprends pas, après les résultats obtenus, qu'il y
ait encore des éleveurs assez obstinés pour vouloir
faire une chose impossible ; on dirait que, de leur part,
c'est une question d'amour-propre. J'en connais un
qui me considère comme son ennemi personnel par
ce seul fait que je suis l'adversaire du durham. Voilà
une persistance qui tient de l'entêtement et que je
voudrais voir appliquée à l'amélioration des races indigènes.

J'ai dit que le durham de la région est trop monté
sur les jambes et manque d'ampleur dans les formes.
Ce reproche, je l'adresse à la majorité des concurrents.
Les taureaux eux-mêmes le méritent pour la plupart.
S'il en est quelques-uns plus doublés, plus trapus
que les autres, c'est que probablement ils renferment
du sang d'étalons importés récemment d'Angleterre.
Quant à ceux qui se reproduisent entre eux depuis
plusieurs générations, ils sont d'autant plus transfor-

més qu'ils s'éloignent du moment où leurs auteurs furent introduits en Limousin. Il y a des taureaux appartenant à cette dernière catégorie qui sont inférieurs pour l'ensemble aux taureaux garonnais qui obtiennent les médailles.

Je crois fermement que cette exposition sera fatale aux courtes cornes et que d'ici à quelques années, elles n'appartiendront plus qu'à l'histoire de la région. En attendant que cette prédiction se réalise, je donne ici l'ordre dans lequel les médailles se sont réparties entre les exposants. Jeunes taureaux : premier prix, M. Pouyat (n° 305) ; deuxième prix, M. Dubreuil (n° 306) ; troisième prix, M. Daubin (n° 307). — Taureaux adultes : premier prix, M. de Segonzac (n° 314) ; deuxième prix, M. Daubin (n° 312) ; troisième prix, M. Dubreuil (n° 312). Femelles : première section, prix unique, à M. de Séguinau (n° 321) ; deuxième section, premier prix, à M. Michel (n° 325) ; deuxième prix, à M. Dubreuil (n° 324) ; troisième section, premier prix, à M. Daubin (n° 331) ; deuxième prix, à M. Dubreuil (n° 326) ; troisième prix, à M. de Suzanne (n° 327).

La catégorie des races étrangères diverses pures compte des ayrshire, des schwitz, des hereford et des hollandais. Si on en excepte l'ayrshire, qui est rustique et rappelle le type breton, toutes ces races doivent être proscrites de la région, parce que nous manquons d'herbages et que nos étés sont trop secs.

J'attache si peu d'importance à cette catégorie, que je me dispense de citer les lauréats.

J'en dis autant des deux catégories qui suivent, les croisements durham et les croisements divers. A mon avis, tous les métis devraient rigoureusement être exclus des concours de reproducteurs. La raison en est que les métis ne sont bons que comme animaux de service ou de boucherie, et qu'ils sont détestables toutes les fois qu'on veut les faire reproduire entre eux. Je passe donc sur ces catégories fâcheuses et j'arrive à l'espèce ovine.

ESPÈCE OVINE.

La région est aussi pauvre en animaux de l'espèce ovine qu'elle est riche en animaux de l'espèce bovine. Le catalogue débute par une catégorie intitulée : *Races françaises pures.* Cela signifie en d'autres termes que dans les sept départements, il n'y a pas une seule race digne de former une catégorie spéciale. Autant vaudrait-il tout de suite dire : *Races diverses françaises,* comme on le fait pour l'espèce bovine, après avoir énuméré toutes les familles de mérite.

Les races françaises pures de la région sont très-défectueuses ; elles ont les jambes hautes, le cou long, le torse applati, la laine très-commune. La longueur du cou et des jambes est le signe caractéristique des troupeaux qui vivent dans des pays pauvres en pâturage, et qui ont beaucoup de chemin à faire pour s'assurer une maigre pitance. On retrouve ce caractère à un très-haut degré chez le mouton poitevin, le charentais, le périgourdin et le gascon, qu'on peut considérer comme appartenant à la région. Ces différentes familles ont toutes à peu près le même type ; on dirait qu'elles marchent sur des échasses, tant elles sont élevées de terre. Leur cou est d'une longueur démesurée, elles ont une forte tête, plus ou moins busquée, des oreilles larges et pendantes, une toison creuse et grossière ; le corps est relativement petit est peu chargé de muscles, le derrière et la poitrine se distinguent par leur étroitesse. Si ces animaux dépensent peu en nourriture, en revanche ils donnent peu ou point de revenu à leurs propriétaires.

Faut-il abandonner ces races et leur en substituer de plus parfaites ? Supposons que southdown ou tout autre type soit introduit dans la région. Que va-t-il se passer ? Si les nouveaux venus sont soumis au même régime que les troupeaux indigènes, les plus délicats ne pourront y résister. En conséquence, ils périront de misère. Ceux assez rustiques pour supporter ce changement de régime se modifieront bientôt eux-mêmes. Forcés chaque jour de parcourir de longues étendues pour tromper leur faim, ils verront leurs jambes courtes s'allonger et leur cou rentré prendre du développement. Après un certain nombre de générations, les immigrants auront presque tous les caractères des troupeaux indigènes.

Cette transformation que la nature favorise ne serait-elle point un enseignement pour les éleveurs? Lorsque la Providence s'efforce de toujours mettre les animaux en harmonie avec les circonstances qui les environnent, croit-on que par sa seule volonté, l'homme pourrait les soustraire à l'influence de ces circonstances providentielles? Evidemment non. Donc, si les éleveurs prétendent modifier leurs races pacagères, s'ils veulent en raccourcir les jambes et le cou, et leur donner plus d'ampleur de corps, il faut qu'ils changent les circonstances au milieu desquelles vivent leurs troupeaux. En d'autres termes, il faut qu'ils améliorent le sol, qu'ils perfectionnent les cultures ; qu'au régime pacager ils substituent le régime semi-pacager ou la stabulation permanente. Avec une nourriture beaucoup plus substantielle, des soins mieux entendus, une vie plus sédentaire, les animaux immigrants conserveront leurs formes primitives. Les troupeaux indigènes verront bientôt se réduire leurs longues jambes, leurs longs cous, et leur corps jadis étriqué prendra une ampleur considérable.

On le voit, il n'est pas possible de faire subir des modifications à une race sans, au préalable, avoir changé les circonstances économiques au sein desquelles elle subsiste. Tout essai d'amélioration qui ne reposera pas sur de telles bases ne doit aboutir qu'à un avortement.

Après les races originaires de la région en viennent d'autres qui appartiennent aux contrées limitrophes. J'en connais deux, qui sont le crévant et le quercy. Le crévant n'est autre que le bérichon amélioré. Crévant se trouve à l'extrémité méridionale du Berry, dans un territoire un peu plus fertile que le reste de la province; il est connu par ses foires à moutons, où se réunissent tous les troupeaux améliorés, pour se répandre ensuite dans tous les pays d'élève. Le mouton de Crévant est un fort joli type. Il a les jambes fines et basses, le cou court, la tête légère, le corps bien arrondi. Il est sobre et vigoureux. Je crois que cette race doit très-bien réussir dans la région et j'engagerais les éleveurs à la répandre. Sans conteste, le crévant est de beaucoup supérieur au poitevin, au charentais et au périgourdin.

Le mouton du Quercy n'est point aussi régulier de formes que le crévant; mais comme il appartient à une contrée qui a la plus grande analogie avec plusieurs départements de la région, on pourrait sans crainte l'y multiplier. Toutefois, il faudrait l'affranchir de quelques défauts qui le déparent. Ses jambes sont encore trop longues, sa tête trop forte; il manque d'ampleur dans les formes. Avec une meilleure nourriture, ces changements seraient à peine l'œuvre de quelques générations. Le Quercy ne compte à l'exposition qu'un très-petit nombre de représentants.

Je vois encore dans le catalogue des mérinos et des

mauchamps. Le mérinos convient à toute la France ;
seulement, dans le Midi, sa taille est moins élevée que
dans le nord. Quant au mauchamps, on sait que c'est
un mérinos à laine soyeuse, découvert par M. Graux,
de Mauchamps (Aisne), vers la fin de la restauration.
Les quelques têtes de mérinos qui figurent sous les
tentes n'ont rien de remarquable, si ce n'est leurs
grosses cornes. Les mauchamps ont un aspect de misère qui me donne une assez triste idée de leurs éleveurs. Leur conformation est très-défectueuse; elle rappelle celle du troupeau primitif de M. Graux, bien
améliorée depuis.

Tels sont les éléments dont se compose la première
catégorie de l'espèce ovine. Elle est fort disparâtre,
comme on le voit, et n'a rien qui puisse satisfaire le
véritable connaisseur. Pour ma part, comme j'aurais
fort peu de compliments à lui adresser, je me borne à
la simple mention des lauréats. Le premier prix appartient à M. de Segonzac, pour son mérinos avec
cornes (n° 183) ; le second, à M. Magne, fils de l'ancien
ministre, pour son mérinos avec cornes (n° 482) ; le
troisième, à M. Parrot, pour son joli crévant (n° 474) ;
enfin, le quatrième prix revient à M. Hériaud, pour
son poitevin aux longues jambes, (n° 486).

Les femelles de la catégorie ne valent guère mieux
que les mâles. M. Conte a obtenu le premier prix
pour ses brebis du Quercy (n° 505) ; M. Merlin-Le-
bas, le deuxième, pour ses brebis berrichonnes,
(n° 510) ; enfin, M. de Segonzac, le troisième prix, pour
ses périgourdines. Sous la qualification de gasconnes,
M. de la Crosse avait exposé un lot de chamoises, et
M. Beaudet, un lot de mérinos, sous le nom de poite-
vines. Cette méprise ressemble fort à une gasconade.

La seconde catégorie consacrée à l'espèce ovine
comprend les races étrangères à laine longue. C'est
là que figurent en assez petit nombre les down-cots-

wold, les cotswold, les dishley, les new-leicester.
D'abord je ferai observer à M. de Maubué que les
new-leicester et les dishley sont la même chose, et
que la dernière dénomination a prévalu en France.
Ensuite je dirai à tous les éleveurs de cette catégorie
que les races anglaises dont ils se font les promoteurs
ne conviennent pas le moins du monde à la région,
parce qu'elles sont trop fortes, et que nous ne possé-
derions pas assez de fourrages pour les nourrir. C'est
donc à tort qu'on s'efforce de les propager. Il faut savoir proportionner la taille des animaux aux ressources dont on dispose.

Autre observation très-importante. La seconde catégorie comprend les races étrangères, que nous devons supposer pures. Or, je le demande, qu'est-ce
qu'un bélier dorwn-cotswold? c'est un métis qui pro-
vient d'une des trois races de moutons des dunes,
ayant servi de type pour fabriquer le south-dorvns.
Les béliers qui figurent sous cette dénomination ne
sont donc que des croisements. A ce point de vue, ils
devraient encore être repoussés parce que les croisements sont dangereux comme reproducteurs. Ainsi,
à cause de leur grande taille et de leur qualité de métis, la plupart des animaux qui figurent dans cette catégorie méritent d'être repoussés.

D'ailleurs, ces animaux sont assez médiocres. Le
down-cotswold de Mme Noiret (n° 519), est très-haut
sur jambes et porte des traces profondes de dégénérescence; cependant, ce bélier a remporté le 1er prix.
Je lui préfère de beaucoup le cotswold de M. Gaston,
(n° 521), qui obtient le second prix. Parmi les femelles,
la médaille d'or appartient au lot de M. Deschamps,
(n° 525), et la médaille d'argent au lot de M. Dupuy,
(n° 524).

Une catégorie spéciale est réservée aux races étrangères à laine courte. Elle ne renferme que des south-

downs. Cette race est le résultat d'un croisement entre les races des comtés de Hamp, de Shrops et d'Oxford, qui, tous les trois, possédaient jadis des dunes et des terres sablonneuses. Ce sont ces diverses alliances qui ont donné le southdown. Cette origine explique le défaut d'homogénéité qui existe dans la race ; souvent, le même troupeau présente les trois types qui ont servi à la former. Cette absence de caractères fixes est le résultat de l'*atavisme* et fait suffisamment comprendre que le southdown n'est qu'un croisement.

Sous le coup de l'influence que le sol et le climat exercent toujours sur les races étrangères, les disparates du southdown se remarquent bien mieux encore ; il est très-difficile d'en trouver un seul qui ressemble à ses voisins. J'ai remarqué le nº 556, à M. de Dampierre, qui se rapproche tellement des types primitifs qu'on le prendrait pour un shropshire comme étude zootechnique ; cet animal est très-curieux, il prouve jusqu'à l'évidence qu'on marche en aveugle lorsqu'on opère sur des croisements.

A part le défaut d'ensemble qui les caractérise, il y a sous les tentes quelques sujets recommandables. Je citerai le nº 548, à M. Joly de Bonneau, que je placerais volontiers en première ligne. Toutefois, il n'a point attiré l'attention du jury. Les médailles décernées aux mâles appartiennent à M. de Bouillé, (nº 533) ; à M. Joly de Bonneau (nº 549) ; à M. de Dampierre (nº 541), et à M. Merlin Lebas (nº 529). Quant aux femelles, on a donné le premier prix à M. de Bouillé (nº 558) ; le deuxième, à M. d'Assailly, (nº 561) ; le troisième, à M. Dampierre (nº 556).

La quatrième catégorie comprend les croisements divers. Ici, je crois devoir répéter ce que j'ai déjà dit en m'occupant de l'espèce bovine. Les métis devraient être rigoureusement écartés des concours de reproducteurs. La première loi en économie du bétail, c'est

de conserver les races pures. Toutefois, les croisements, pourvu qu'ils se bornent à la première ou à la
seconde génération, n'offrent point ici les mêmes in-
convénients que pour l'espèce bovine. Tandis que la
vache doit avoir la triple aptitude du travail, du lait
et de la viande. On ne demande au mouton que de la
laine et de la viande. Or, comme animaux de boucherie, les métis sont très-avantageux.

Cette catégorie renferme plusieurs sujets de la race
dite de charmoise. A la bonne heure, voilà cette
prétendue race pour laquelle on fait des catégories
spéciales dans d'autres régions, la voilà rangée parmi
les croisements, et c'est justice. On sait que Malingié
l'a faite avec le solognot, le berrichon, le mérinos et le
newkent. C'est là sans doute un singulier assemblage.
En examinant avec soin un troupeau charmoise de
quelques têtes, on y retrouve les quatre éléments qui
ont servi à le former, comme en examinant un troupeau de southdowns, on y découvre la trace des types
primitifs dont le mélange a constitué la race. La
charmoise se conserve très-bien dans la région, et
pour ma part, je verrais avec plaisir qu'on l'y multi-
pliat. Il y a entre le Berry et le Périgord des analogies
de sol et de climat qui m'autorisent à donner ce conseil aux éleveurs.

Quant aux croisements qui sont le résultat du ha-
sard, du caprice ou de la fantaisie, tels qu'il en figure
sous les tentes, je ne saurais les admettre. Pour créer
une race, même aussi peu constituée que celle dite de
charmoise, il faut beaucoup de temps, beaucoup d'argent. Malingié y a usé sa fortune et son existence. Je
ne conseillerais donc jamais à un éleveur, quelle que
fut d'ailleurs sa fortune, d'imiter cet exemple. Bornons-
nous, à conserver les races pures, à les améliorer par
les procédés connus, et pour accroître la production
de la viande, croisons nos races imparfaites avec d'au-

tres plus perfectionnées. C'est le moyen le plus simple, le plus économiqne pour doubler le revenu de notre cheptel.

Je borne ici ces considérations, et je clos mon compte-rendu relatif à l'espèce ovine par la liste des lauréats de la quatrième catégorie. Pour les mâles, les médailles appartiennent : premier prix à M. de Saint-Amand (n° 563) ; deuxième prix à M. de Segonzac (n° 588) ; pour les femelles : premier prix à M. de Dampierre (n° 608); deuxième prix à M. de Bouillé, n° 610. Dans cette catégorie, figurent quelques animaux de race pure. Tels sont : le n° 599, qualifié de southdown-berrichon, et le n° 570, qualifié de Southdown-poitevin, qui sont des southdowns de race pure.

ESPÈCE PORCINE.

Le catalogue divise l'espèce porcine en trois catégories : les races françaises, les races étrangères, les croisements divers. Je regrette qu'à chacune de ces dénominations on n'ait pas ajouté l'épithète de *pures*. Je regarde cet oubli comme très-grave ; il tend à introduire la confusion dans les races, ce que je considère comme un véritable malheur. Je maintiens ici les principes que j'ai posés pour les autres espèces ; je ne veux point que les métis puissent être des reproducteurs.

Destinée uniquement à donner de la viande, la principale qualité de l'espèce porcine doit être la précocité. Il faut que chaque porc puisse atteindre le but suprême, l'abattoir, le plus rapidement possible. L'éleveur pourra ainsi renouveler son capital plus souvent, et par suite accroître ses bénéfices. N'oublions pas que l'espèce porcine ne donne ni travail ni laine, et que réduite à la spécialité de faire uniquement de la viande, elle se trouve dans des circonstances particulières.

Il faut aussi que cette viande puisse satisfaire le goût des consommateurs, et réponde à leurs exigences culinaires. La ration moyenne que fournit l'espèce porcine à chacun de nous, en France, est d'environ de 8 à 10 kilogrammes. Or, comment se répartit cette masse de produits ? La charcuterie en absorbe des quantités notables pour faire des préparations destinées surtout aux citadins. Le surplus reste dans les campagnes, et, avec des légumes, forme la base de l'alimentation populaire. Eh bien, on peut se demander si réellement nos races françaises offrent à la charcuterie des matières qui se prêtent à ses préparations, et aux habitants de la campagne une alimentation qui réponde à leurs besoins.

Que faut-il à la charcuterie pour ses préparations ? Beaucoup de maigre et très-peu de gras. Il faut du maigre pour le saucisson, pour les saucisses ; il faut en outre que les jambons destinés aux citadins ne soient pas trop chargés de graisse ; il faut enfin que le saindoux puisse trouver un emploi dans les préparations culinaires. Nos races indigènes remplissent toutes ces conditions, et les remplissent avec succès. La charcuterie française jouit d'une très-grande réputation sur tout le globe. Notre jambon, il est vrai, n'a pas la renommée de celui de Mayence ou de Westphalie ; mais il n'en figure pas moins avec honneur sur toutes nos tables. Ce qui lui manque, c'est un peu de main-d'œuvre. Lorsque nous le voudrons, il sera toujours facile de le préparer avec plus de succès et de lui donner des qualités exceptionnelles. Enfin, notre saindoux, exempt de toute huile au goût désagréable, remplace avantageusement le beurre dans la cuisine du pauvre, et donne aux légumes, principale nourriture de notre population rurale, des qualités alimentaires que le beurre ne saurait lui donner.

Maintenant, que faut-il aux habitants des campagnes qui mangent encore très-peu de viande de boucherie? Comme aux charcutiers, il leur faut beaucoup de maigre, il leur faut un lard entremêlé de muscles qui graisse bien les légumes dans le pot, qui ne se réduise pas trop à la cuisson, et qui, après avoir assaisonné la soupe, leur serve encore de pitance. Une viande qui serait beaucoup trop grasse, un lard qui renfermerait trop d'huile au goût désagréable et qui se fondrait en partie à la cuisson, ferait pour eux moins de profit et ne répondrait plus à leurs usages culinaires.

Nos races porcines répondent donc très-bien à nos besoins économiques. En serait-il de même des races anglaises que certains novateurs imprudents voudraient leur substituer ? Supposons un instant que la révolution dont on nous menace soit accomplie. Comme les races anglaises ont très-peu de maigre, que leur lard n'est point entremêlé de muscles; que leur saindoux renferme une grande proportion d'oléine propre à fabriquer le savon, alors, le consommateur des campagnes n'aurait plus qu'une nourriture repoussante. Ce serait donc pour lui une véritable révolution culinaire dont il ne pourrait dès l'abord prévoir toutes les conséquences.

On le voit, ce n'est pas à la légère que, dans un pays comme la France, il convient de substituer une espèce domestique à une autre. Avant d'en venir là, il faut bien réfléchir à toutes les perturbations économiques que ces changements pourraient déterminer. Puisque c'est sur l'agriculture que reposent les sociétés civiles, il ne faut point imprudemment toucher à sa base. Le bétail n'est-il pas, en effet, le pivot autour duquel se meut l'économie rurale tout entière !

Est-ce à dire que les races porcines françaises soient parfaites, et que sous les rapports de la forme et des aptitudes, elles ne laissent rien à désirer ? Non ! nos races ont de nombreux défauts. Si elles nous fournissent d'excellente viande, elles sont très-imparfaites sous le rapport de la conformation et de la précocité. Nos porcs sont généralement trop montés sur jambes et ont la charpente osseuse trop forte. A quoi bon cette rude charpente chez un animal qui doit être une machine à viande. Nos porcs ont le corps trop allongé, et le derrière, l'échine et la poitrine trop étroits, la côte trop plate ; ils manquent d'ampleur dans le torse, la tête est trop grosse, les oreilles trop longues, le poil trop dru et trop roide. Il faut qu'on fasse disparaître, ou tout au moins qu'on diminue considérablement, les parties qui ont peu de valeur, et qu'on développe les parties où se trouve la chair de première qualité. Les améliorations peuvent s'opérer lentement mais sûrement au moyen de la sélection, d'une ample nourriture et de soins judicieux.

Rectifier la conformation de nos porcs, les bien nourrir dès le jeune âge, leur donner des soins assidus, c'est développer chez eux la précocité. On conçoit qu'une machine de laquelle on a fait disparaître les rouages inutiles et dont les organes sont réguliers donne plus de produits qu'une mécanique mal construite. Le porc n'étant qu'une machine à viande, si on en réduit les parties à peu près inutiles, telles que la tête, les oreilles, le poil, les os, on réserve pour les parties les plus utiles, telles que les jambons et les côtes, les substances alimentaires dépensées en pure perte. Avec un porc régulièrement construit, toute la nourriture qu'il absorbe se transforme aussitôt en viande ; de telle sorte qu'il accomplit sa croissance dans un temps beaucoup plus court que le porc mal bâti. C'est pourquoi on dit du premier qu'il est précoce, tandis que le second est tardif.

Il résulte de cette différence que les races précoces, avec la même dépense et dans un temps donné, produisent à peine le double de viande que les races tardives. Le prix de revient est d'une moitié moindre.

Bien que les races anglaises possèdent au haut point la précocité et la rectitude des formes, je ne conseillerais jamais de les substituer à nos races nationales. La raison en est que chaque pays a les races que le sol et le climat lui donnent, qu'on ne peut remplacer par d'autres sans s'exposer à des déceptions. Ce qu'il y a de plus sage, c'est d'améliorer les races indigènes en les conservant pures, et de faire des croisements, pour obtenir des animaux de boucherie. C'est là un moyen certain d'accroître la production de la viande, et de l'obtenir conforme aux goûts des consommateurs. Hors de là, point de salut pour l'agriculture.

Aussi, est-ce avec une vive satisfaction qu'en étudiant l'espèce porcine du concours, j'ai remarqué, parmi les races indigènes, des types très-recommandables, qui pourraient devenir la souche d'une famille d'élite. Parmi les animaux que j'ai le plus admiré, je citerai le verrat et la truie de M. Bugeaud, inscrits sous les nos 640 et 655. Ces deux sujets appartiennent à la race limousine. On m'assure qu'ils sont exempts de tout mélange. Les élèves de M. Bugeaud, âgés de 14 et de 30 mois, ont l'échine large, le corps rond, le ventre traînant, les jambes basses et minces, la tête moyenne, les oreilles droites et petites, le poil rare et fin. Il ne resterait que très-peu de chose à faire pour leur donner la rectitude de forme et l'harmonie symétrique qui distinguent à un si haut degré les races anglaises. Je félicite bien sincèrement M. Bugeaud d'avoir pu obtenir de pareils sujets, et je fais des vœux pour que leur postérité se répande dans toute la région.

A côté de ces types de premier ordre, j'en place deux autres dont les formes sont bien moins améliorées, mais ne manquent pas d'une certaine valeur. Ce sont les truies (n° 648) appartenant à M. de Segonzac, et n° 657, appartenant à M. Aumassip. On voit bien que ces animaux sortent de la race limousine comme ceux de M. Bugeaud ; ils en ont tous les caractères, seulement, ils n'ont pas reçu la même culture. Ces quatre sujets sont à peu près les seuls qui méritent d'être mentionnés dans les races indigènes. Les autres ont les jambes trop hautes et trop fortes, leur corps est trop long, la côte trop plate ; ils ont les formes anguleuses. Ils doivent manger beaucoup, profiter peu et se développer très-lentement.

J'ai déjà indiqué, par le fait, ceux des concurrents des races étrangères qui obtiennent les récompenses. Parmi les mâles, M. Bugeaud a le premier prix, et M. de Saint-Amand le second (n° 639). Parmi les femelles, après M. Bugeaud viennent MM. de Royère, n° 650, et M. de Saint-Amand (n° 647). Quant aux deux truies (n°ˢ 648 et 657), elles n'obtiennent même pas une mention, bien qu'à nos yeux elles soient préférables au second et au troisième prix. Le jury ne se place certainement pas au même point de vue que moi.

J'ai déjà dit que le programme aurait dû, aux deux catégories de races françaises et étrangères, ajouter la qualification de PURES. En effet, la catégorie des races étrangères ne se compose que de métis, ce qui fait un double emploi avec les croisements divers.

La seconde catégorie renferme des windsor-new-leicester, des middlesex, des essew-manchester, etc. Or, qu'est-ce qu'un windsor-new-leicester, c'est un new-leicester pur élevé dans le parc de Windsor par le prince Albert. Qu'est-ce qu'un middlesex, c'est un croisement new-leicester-yorkshire fait par le capi-

taine Gunter dans un faubourg de Londres et importé
en France par M. Pavy. Pour se distinguer, M. Pavy
a donné à ses porcs le nom du comté où se trouve la
porcherie du capitaine Gunter. Mais il n'en est pas
moins vrai que le middlesex, dont M. Pavy a fait tant
de bruit, n'est qu'un croisement ; la preuve en est,
c'est qu'il dégénère à ne plus le reconnaître. Il me
semble que les mâles ne devraient figurer que dans
les croisements divers.

A côté de cette anomalie, j'en place une autre que
je signale à M. le commissaire-général et qu'il ferait
bien de ne pas tolérer. Ce sont les déclarations de
fantaisie faites par les éleveurs et qui souvent tournent
au fantastique. Ainsi, où donc M. Moulignie (n° 666)
a-t-il trouvé ses new-leicester noirs ? Les new-leicester
doivent être blancs comme neige ; chez eux, la moindre tâche est un signe de bâtardise. De son côté,
M. Moker expose un berkshire noir (n° 731) dont il
n'existe point d'analogie en Angleterre. Le berkshire
est noir et blanc. Il n'y a que l'ewer pour qui la
moindre tâche blanche fait supposer un croisement.
Il faudrait donc que les éleveurs s'habituassent à
connaître le nom exact des races qu'ils cultivent.

Dans la seconde catégorie, les médailles se répar-
tissent de la manière suivante : Mâles, premier prix
à M. Exhaud (n° 661), pour son windsor-new-leicester; deuxième prix à M. Benoît (n° 672), pour son
middlesex ; troisième prix à M. Grolhier (n° 669), pour
son yorkshire ; quatrième prix à M. Léobardy, n° 667,
pour son middlesex; cinquième prix à M. Palurel, n°
683, pour son middlesex. Femelles, premier prix à
M. Léobardy (n° 720), pour son middlesex ; deuxième
prix à M. Montagut (n° 724), pour son new-leicester ;
troisième prix à M. Marie de Pagnac (n° 706), pour son
middlesex; quatrième prix à M. Souillac (n° 702), pour

son middlesex; cinquième prix à M. Exhaud (n° 716), pour son windsor-new-leicester.

Enfin, dans la catégorie des croisements divers, la plus médiocre de toutes, les médailles appartiennent : mâles, premier prix à M. de Noussat (n° 735), pour un new-leicester limousin; deuxième prix à M. de Juniat (n° 742), pour un anglo-craonais. Femelles, premier prix à M. de Léobardy, n° 746, pour son middlesex limousin ; deuxième prix à M. de Segonzac (n° 750, pour un anglo-périgourdin ; mention honorable à M. de St-Amand (n° 743), pour un craonais new-leicester.

Tel est l'ensemble de l'exposition porcine. Elle n'offre que fort peu de beaux types et beaucoup de médiocrités. Mais, évidemment, depuis 1855, cette branche de l'économie du bétail a fait de notables progrès dans la région.

PRODUITS AGRICOLES.

Cette partie de l'exposition est la moins belle. Cela tient à l'époque de l'année où nous sommes. Il ne reste presque plus d'échantillons de la récolte précédente. Pour les produits, l'époque la plus favorable serait le mois d'octobre. Mais alors les jours sont courts et il commence à faire froid. Comment s'arrangerait-on avec les animaux ? Il serait assez difficile de trouver un mois de l'année qui puisse répondre à toutes les convenances. C'est pourquoi il faut provisoirement nous en tenir au mois de mai.

Les collections de céréales, de maïs, de plantes potagères et de plantes fourragères abondent sous la tente réservée aux produits. J'en puis citer de très-complètes. M. Galland, de Ruffec, continue à propager son blé hybride sans nous dire au moyen de quel croisement il a pu obtenir ce phénomène ; il nous affirme que son blé rend de 39 à 40 hectolitres par hectare dans des terres de troisième et de quatrième classe, avec un labour de 10 à 12 centimètres. Voilà certainement de belles promesses ; mais M. Galland peut-il les tenir ? Il me semble que si son blé était aussi prolifique qu'il veut bien nous le dire, tout le monde s'empresserait de l'acheter, et alors M. Galland deviendrait millionnaire, ce que je lui souhaite.

Parmi les cultivateurs qui exposent des collections de céréales, il n'en est aucun qui comprenne aussi bien la réclame que M. Galland, aussi je me borne à citer leurs noms. Ce sont : MM. Apercé, Bordas, de Lamothe, de Lentillac, de Presles, Rongiéras, de Segonzac, etc.

La plupart des personnes que je viens de nommer ne se bornent point aux céréales ; elles exposent diverses collections de maïs qui ont bien leur mérite. M. Rongiéras en possède plusieurs sortes. Ce sont ; le maïs quarantain, le maïs des meas, le géant de Luzco, qu'il vend 400 fr. l'hectolitre, le zéa caragua, le king's-philips et le rostrala, qu'il veut bien nous donner à 100 fr. l'hectolitre. M. de Segonzac est le digne émule de M. Rongiéras ; seulement, plus sage que ce dernier, il n'indique pas le prix de sa marchandise.

Les haricots, les fèves, les lentilles et autres légumes secs, se cultivent dans la région et donnent de bons produits. Aussi y a-t-il plusieurs collections de ces grains. Je citerai celles de MM. Apercé, Telhom, de Lamothe, de Lentillac, de Presles, de Segonzac, qui sont complètes.

Les plantes fourragères jouent un très-grand rôle dans l'agriculture. Celles qui peuvent résister aux longues sécheresses sont précieuses pour le Midi. Je crois que cette partie de la France, un peu déshéritée sous le rapport des fourrages, pourrait enrichir sa flore si elle voulait y mettre un peu de persévérance. Il existe sous les tropiques des plantes qui résistent au soleil brûlant et qui pourraient servir de nourriture au bétail. Il faudrait appeler sur ce grave sujet l'attention des voyageurs. Ceux-ci seraient chargés d'étudier les plantes fourragères intertropicales et de constater leur aptitude à supporter la sécheresse. Dès qu'ils auraient établi leur valeur alimentaire, ils en enverraient des graines dans le Midi, avec une instruction sur la manière de les cultiver et de les récolter. Nos provinces méridionales pourraient de la sorte s'enrichir de deux ou trois plantes comme le sainfoin, la luzerne et le trèfle, mais qui résisteraient mieux aux plus longues sécheresses. Alors la région n'aurait plus rien à envier aux productions septentrionales. Avec des plantes fourragères que l'on pourrait semer après la moisson et qui donneraient du vert jusqu'à l'arrière-saison, l'élève du bétail deviendrait une branche très-importante. Dans tous les pays où l'on cultive la vigne, on aurait ainsi beaucoup plus de fumier, ce qui permettrait de doubler toutes les autres récoltes.

Les propriétaires qui exposent des collections de graines fourragères en comprennent toute l'importance ; mais ils ne font rien pour doter leur pays d'espèces nouvelles. Toutefois, je dois constater un progrès. A ma grande satisfaction, je trouve sous la tente des produits de nombreux spécimens de betteraves, de topinambours et de carottes ; les betteraves appartiennent aux variétés champêtres et globe jaunes, qui conviennent parfaitement au bétail. Les topinambours appartiennent à l'espèce commune, si ce n'est une variété du Japon, que M. Rongiéras expose. Les carottes sont à collet vert.

Parmi les exposants de betteraves, je remarque M. Bordas, qui cote les siennes 15 fr. les mille kilos. A ce prix, on peut parfaitement les donner au bétail. M. Bordas expose encore des carottes à 10 fr. les mille kilos, et des topinambours à 1 f. 50 c. l'hectolitre. Tous ces prix sont fort abordables, ils supposent un rendement assez élevé par hectare. Dans le nord, la betterave blanche de Silésie se cultive en grand. Les fabricants de sucre la paient de 20 à 24 fr. les mille kilos. A ces chiffres, il leur reste encore une jolie marge. Le rendement moyen des cultivateurs du nord est de 40 mille kilos par hectare. Chaque racine ne doit pas peser plus de un à deux kilos. Plus grosses, elles sont moins sucrées et coûtent plus de travail. Le prix de revient de la betterave blanche varie suivant les cultures. On peut l'établir de 10 à 15 fr. les mille kilog., suivant la fertilité des terres.

Les exposants de betteraves sont : MM. Apercé, Aurousseau, Deschamps, de Presles, Rongiéras, de Saint-Amant et de Segonzac. La plupart de ces cultivateurs exposent également des carottes, des rutabagas et des raves. Toutes ces racines sont d'un très-grand secours pour l'élève et l'engraissement du bétail.

M. Masse fils exhibe de l'alcool de betterave et de l'alcool de topinambour, qu'il a obtenus sur son domaine de Javerlhac (Dordogne). M. Masse possède une *distillerie*. Cette annexe de la ferme pourrait donc tout aussi bien s'établir dans le Midi que dans le Nord. Or, comme dans le nord la culture de la betterave a doublé le rendement du blé et quintuplé les existences en bétail, se figure-t-on le progrès sans limite auquel le Midi peut aspirer par la culture de la betterave et l'établissement de distilleries et de sucreries agricoles. Le jour où les cultivateurs de la région comprendront tout ce qu'ils peuvent faire avec la betterave, ils n'hésiteront pas à se lancer dans cette voie féconde.

Déjà les essais sont faits, la betterave réussit bien
dans le Midi. Pourquoi ne pas la cultiver sur une
grande échelle? Pourquoi, à l'exemple de M. Masse,
n'établirait-on pas des usines annexes de la ferme
pour la fabrication du sucre et de l'alcool? Lorsque ce
problème aura été résolu, l'agriculture méridionale
sera tout aussi riche, tout aussi puissante que l'agriculture du Nord.

Le topinambour est la betterave des mauvaises
terres ; sa culture est donc très-facile. Il suffit d'em-
blaver au printemps et de donner quelques sarclages
en été. L'arrachage peut être différé jusqu'après
l'hiver, ce qui économise l'ensilotage. Les tubercules
qui échappent à l'extraction suffisent pour réensemen-
cer le terrain l'année suivante. On peut ainsi, au moyen
de quelques façons, faire plusieurs récoltes successives.
Dès qu'on veut se débarrasser du topinambour, on y
sème une prairie artificielle, et on coupe les plantes
qui repoussent avec le fourrage ; quelques fauchages
répétés à propos suffisent pour les faire disparaître.

Comme nourriture pour le bétail, le topinambour
est bien préférable à la betterave; il donne un alcool
beaucoup plus fin, et qui se vend toujours pour de
l'alcool de riz, c'est-à-dire deux ou trois francs plus
cher par hectolitre que l'alcool de betterave bon goût.

Le chou branchu peut être considéré comme une
plante fourragère destinée à remplacer les racines. M.
Valade en expose plusieurs variétés qui rappellent
celles du Poitou. Le chou branchu a fait la fortune de
la Vendée. C'est avec lui qu'on engraisse les bœufs du
Choletais que la boucherie parisienne préfère de beaucoup aux bœufs engraissés avec des résidus de betteraves. Le chou branchu se repique au mois de mai ou
de juin. Vers septembre, on commence à l'effeuiller.
On fait ainsi plusieurs récoltes successives jusqu'à
l'hiver. Au printemps, les tiges donnent une nouvelle

pousse que l'on récolte ; ensuite, on les arrache et on les sert au bétail après les avoir concassés. La terre se trouve alors libre et peut recevoir une nouvelle culture.

Le chou branchu est une plante fourragère très-abondante ; elle engraisse très-bien le bétail, elle se recommande donc aux cultivateurs de la région. Il serait bien à désirer qu'elle s'y multipliât dans toutes les fermes.

Je passe sur les vins qui sont l'objet d'une exhibition particulière. J'aurais voulu pouvoir l'étudier avec soin, mais le temps me manque, je remets donc à une autre fois l'examen des vins du Périgord qui forment un produit considérable. J'arrive à l'industrie séricicole.

Il existe sous la tente des produits de nombreux échantillons de cocons, de grèges et de filatures. Il y a aussi des papillons et divers appareils propres à la sériciculture.

M. de Segonzac, qui brille par ses nombreuses collections de toute sorte, ne pouvait pas rester en arrière en ce qui concerne le vers à soie. Les divers échantillons qu'il expose résument tout ce qui a trait à la magnanerie et à la filature des cocons. M. de Vassal a aussi des échantillons très-remarquables. M. Personnat va plus loin que ses concurrents, il ne se borne pas aux cocons et aux fils de soie, il nous montre encore des étoffes fabriquées avec ses produits ; il nous donne quelques spécimens du vers à soie du chêne, introduit il y a quelques années par la société d'acclimatation. Les cocons sont vert terne, les vestes épaisses. La soie qu'on en retire est grossière ; c'est avec elle qu'on fait en Chine les étoffes destinées au peuple.

M. de Lajonie présente quelques échantillons de coton qu'il a récoltés à Bergerac ; ils appartiennent à la variété courte-soie. Cette variété, qui est à l'essai dans plusieurs départements méridionaux, tels que le Vaucluse, le Gard, l'Hérault, paraît devoir réussir. Mais comme on ne le récolte qu'au mois de décembre en Algérie, il faut, par le pincement et l'élagage des fleurs retardataires, hâter la maturation des capsules, que l'on a soin de ne laisser qu'en nombre suffisant. En France, il ne faut pas tolérer les branches parasytes sur la plante, afin que toute sa force, à peine suffisante, concoure à la maturation des capsules. Quant à la variété longue-soie, comme elle se développe plus lentement que l'autre, elle ne convient pas à notre climat. Il faut donc y renoncer.

Si l'argent est le nerf de la guerre, on peut dire que les engrais sont le nerf de l'agriculture. M. Desport, expose une collection d'engrais des usines de MM. Péchelin, de la Motte-Beuvron. Ces produits consistent en phosphates fossiles, noir animal, guano de la motte, poudre d'or, superphosphate, etc., etc. On sait que les phosphates de chaux sont un élément essentiel à l'alimentation des plantes. Cette précieuse substance se trouve dans les couches géologiques de nos diverses provinces de l'Est. Elle existe à l'état de rognons. Ces rognons sont extraits jusqu'à une profondeur de deux mètres ; on les lave soigneusement, on les écrase sous de fortes meules, puis on blutte pour obtenir une poussière impalpable. C'est réduits à cet état qu'on emploi les phosphates. Leur action est très-active dans les terrres de défrichement. On s'en sert aussi comme absorbant des urines dans les fumiers. Enfin, traités avec de l'acide sulfurique, on en fait des superphosphates qui peuvent être employés dans toutes les terres.

Depuis plusieurs années, les phosphates sont connus en Angleterre, où l'agriculture en fait une grande consommation. Plus récemment, on s'en est occupé en France. L'initiative appartient à M. de Molon, qui a fait exécuter les premières études pour découvrir les gisements. Des usines ont été construites pour pulvériser les rognons.

L'entreprise fondée par M. de Molon, vient de passer entre les mains de MM. Pichelin, de Lamotte-Beuvron, près Orléans. Ces messieurs ont élevé de nouvelles usines, et font extraire des rognons dans plusieurs localités différentes. Leur fabrication est très-considérable aujourd'hui ; leurs produits, qui remportent une médaille d'or, sont livrés dans des sacs avec garantie de dosage. Le noir animal azoté se vend 15 fr. l'hectolitre ; le guano de Lamotte, 30 fr. 50 les 100 kilos; le phosphate fossile, 7 fr. 95 ; la poudre d'os, 19 fr. 50 ; le noir vierge, 25 fr. 50 ; l'engrais de la vigne, 28 fr. 50, et le super-phosphate, 18 fr. 50. Les agriculteurs peuvent donc choisir.

A côté des produits de MM. Pichelin, j'ai remarqué le phospho-guano de M. Ummels et l'engrais pour la vigne de MM. Dupleix. Je ne puis qu'applaudir au développement que la fabrication des engrais semble prendre. Pourvu que ce genre de commerce se fasse avec loyauté, les cultivateurs y trouveront les moyens de rendre à la terre appauvrie les éléments de fécondité que lui enlèvent les récoltes.

CLOTURE DU CONCOURS RÉGIONAL.

D'après le programme, c'est le **22** mai que devait avoir lieu la distribution des récompenses aux lauréats de l'agriculture. Ce jour-là, Périgueux avait un aspect magnifique. Partout, dans les rues, sur les places et les boulevards, l'animation était grande.

Dès le matin, les trains du chemin de fer avaient amené dans nos murs un nouvel essaim d'étrangers avides de voir nos belles expositions, de comparer les produits de notre département avec ceux de leur pays, et de prendre part à ces fêtes, dont l'écho avait apporté jusqu'à eux les séduisantes promesses.

Tout, en effet, se préparait dans notre cité pour célébrer dignement la fête de clôture du concours régional. On suspendait des lanternes de couleurs variées aux mâts pavoisés qui bordaient les boulevards, on plaçait des fils de fer destinés à ceindre d'un cordon de feu la place Bugeaud ; la statue elle-même de l'illustre maréchal était entourée de lanternes vénitiennes ; au théâtre, à la préfecture et à la mairie, on plaçait symétriquement des lampions.

Dès huit heures du matin, une foule immense encombrait les portes d'entrée de nos diverses expositions ; à l'ouverture, on s'est précipité dans l'enceinte avec un tumulte incroyable, signe certain de l'impatience avec laquelle la population attendait cet heureux moment.

Pendant toute la journée, l'affluence a été des plus grandes, et la circulation des plus difficiles.

A deux heures a eu lieu, sur les allées de Tourny,

la distribution des prix aux lauréats des concours agricoles.

La salle destinée à cette solennité était décorée avec goût. Des deux côtés du bâtiment, on avait placé les armes des cinq arrondissements de la Dordogne.

M. Ladreit de Lacharrière, commandeur de la Légion-d'Honneur, préfet de la Dordogne, présidait cette fête, ayant à sa droite M. Chambellant, inspecteur général de l'agriculture, et à sa gauche M. le vicomte de Cremoux, président de la société d'agriculture de la Dordogne.

A côté, nous avons remarqué M. Bardy-Delisle, maire de Périgueux ; M. le baron Michel, préfet de la Charente ; M. Dubeux, procureur général près la cour impériale de Bordeaux, Mgr Dabert, évêque de Périgueux et de Sarlat, M. de St-Exupéry, vicaire-général ; M. René-Bernaret, chanoine ; M. le général Danner, commandant la subdivision militaire de la Dordogne ; MM. le comte de Malartie, sous-préfet de Bergerac ; Desaix, sous-préfet de Nontron ; Casteras-Seignan, sous-préfet de Ribérac ; Provost, sous-préfet de Sarlat ; MM. les conseillers de préfecture ; M. le docteur Guyot ; M. Chouri, directeur général des contributions directes ; M. Renversé, sous-intendant militaire ; MM. les membres du jury du concours vinicole départemental, un grand nombre de membres de la société d'agriculture ; MM. les directeurs des administrations publiques de Périgueux, et une foule d'autres notabilités de la ville et des environs.

Immédiatement au-dessous de l'estrade, des bancs avaient été disposés pour les lauréats des concours agricoles. A la suite se trouvait réunie une nombreuse et élégante société.

La musique du 7e chasseurs prêtait son concours à cette cérémonie.

M. le préfet s'étant levé a ouvert la séance par le discours suivant :

« MESSIEURS,

» L'institution des concours régionaux est une des meilleures créations de l'Empire. Elle aura sa place dans l'histoire du règne glorieux et fécond de Napoléon III. Modeste à son origine, elle s'est propagée en peu d'années dans toute la France, et elle a conquis rapidement une immense popularité.

» L'attrait des fêtes de l'agriculture, loin de s'affaiblir, semble s'accroître à mesure qu'elles se multiplient. C'est un indice certain du progrès qui s'accomplit. Je dois laisser aux hommes plus compétents que moi le soin de constater ce progrès et d'indiquer celui qui reste à accomplir. A eux de vous dire le perfectionnement du bétail, la valeur des différentes races, la simplification de la culture par les machines, enfin les découvertes de lascience et les expériences de la pratique.

» Une autre mission m'est réservée, celle de vous montrer dans le mouvement de notre époque, auquel l'agriculture a une si grande part, la main puissante de l'Empereur. Plus que jamais, l'agriculture est honorée et protégée. L'Empereur est à la tête de ce mouvement. Il donne l'exemple, et par cette influence irrésistible, il entraîne à sa suite les meilleurs esprits. Il ne se borne pas, comme ses devanciers les plus illustres, à entourer les populations rustiques d'une protection intéressée. Il aime les laboureurs, lui ; il connaît leurs travaux, il en provoque de vastes applications. C'est ainsi qu'il fertilise la Sologne, qu'il transforme les Landes, qu'il prescrit dans la Bresse l'assainissement de la Dombe, et chez nous celui de la Double. Partout où un intérêt public considérable, partout où les droits de l'humanité réclament protection, sa sollicitude est là, prête à agir, à mettre un terme à des plaintes, à des études, à des discussions presque séculaires.

» Le Périgord, cette contrée riche des dons de la nature et de ses vieux souvenirs, s'était longtemps contenté d'une vie pour ainsi dire intérieure et peu accessible aux agitations du progrès. Les routes d'abord, et en dernier lieu les chemins de fer, ont changé la face du pays. Bientôt il a été connu et s'est connu lui-même. Il a compris ses ressources, senti sa puissance. L'émulation a succédé à l'indifférence : elle a provoqué des pas de géants, et aujourd'hui le Périgord peut rivaliser avec les plus belles contrées de la France.

» Témoin le concours auquel nous assistons. Pour apprécier le progrès qui s'est accompli en moins de neuf ans, il suffit de quelques rapprochements entre le dernier concours régional tenu à Périgueux en 1855 et celui que nous avons sous les yeux. Je n'ai pu me procurer le catalogue des animaux, instruments et produits agricoles qui furent exposés à cette époque ; mais le nombre en fût, comparativement à celui d'aujourdhui, très-restreint, bien que la circonscription régionale s'étendit alors à treize départements. La valeur totale des récompenses resta au-dessous de dix mille francs. Aujourd'hui, la circonscription régionale ne comprend plus que sept départements. Cependant le chiffre des animaux ou lots d'animaux exposés s'élève à 855, celui des machines et appareils agricoles, à 755, celui des lots de produits ou matières agricoles à 540, et les encouragements ou récompenses offerts à cette exhibition générale ne représentent pas moins d'une valeur de 80,000 francs. Ces chiffres parlent assez haut. Un immense progrès est constaté. Ce résultat est dû à l'intelligence du pays, aux efforts persévérants de la société d'agriculture, à la création des chemins de fer et à l'impulsion féconde de l'état.

» Félicitons donc notre Périgord d'avoir compris que son agriculture devait être progressive et honorée. L'émulation de ses anciens comices s'est réveillée. Bientôt il n'y aura plus un seul de nos cantons qui ne convoque annuellement ses cultivateurs pour constater et encourager leurs travaux. L'étude et la pratique des champs s'empare de plus en plus de l'intelligence et de l'activité des classes élevées. Le cultivateur n'est plus abandonné à ses traditions, à ses propres forces ; le concours de tout ce que la société renferme de lumières et de dévouement lui est assuré.

» Honneur à la société d'agriculture qui a su imprimer au pays cette heureuse direction ! C'est à son impulsion que nous sommes redevables des diverses expositions qui ont complété l'œuvre de l'agriculture et donné à notre concours régional un caractère d'universalité qu'on

n'aurait jamais attendu d'une contrée depuis trop longtemps attardée ou méconnue.

» Remercions aussi ces hommes de talent et de dé-
voûment qui se sont consacrés à une œuvre que de
bons esprits avaient réputée impossible, celle d'une exposition artistique et industrielle, aussi délicate que les arts
mêmes dont elle devait mettre en lumière les richesses.

— N'omettons pas non plus dans l'expression de notre
reconnaissance les hommes d'esprit et de cœur qui ont
compris l'alliance nécessaire entre le capital et le travail
et voulu honorer en même temps le capitaliste qui en-
richit l'agriculture et le colon qui la pratique. La terre
ne nourrit-elle pas le pauvre et le riche ? et Dieu, dis-
pensateur suprême de tous les biens, ne commande-t-il
pas le respect et l'affection qui les rapprochent et qui les
unissent ? Vous serez donc heureux avec nous, messieurs,
d'accorder les mêmes applaudissements au propriétaire
éminent qui va recevoir tout à l'heure la coupe d'honneur et au brave métayer qui portera dans ses rustiques archives la médaille d'or, récompenses également
glorieuses que l'Empereur a voulu placer dans les plus
riches demeures et dans les plus modestes chaumiè-
res.

» C'est pourquoi les deux distributions ont dû être réunies dans la même solennité. L'honneur des métayers
était inséparable de celui des propriétaires : ils ne seront pas séparés dans leur triomphe.

» Nous devons encore, messieurs, des remercîments
à M. le maire, à M. le commissaire général, à MM. les
membres des divers jurys, dont les lumières et l'activité
ont dû faire face à toutes les exigences de cette grande
solennité. Ordonner une fête aussi compliquée n'était
pas une mission sans difficultés ; elle a été remplie avec
autant de goût que de succès.

» Les fêtes publiques remontent à la plus haute anti-
quité, et elles ont eu, de tout temps, un grand rôle dans
la conduite des peuples. Mais lorsqu'elles ne répondaient
à aucun sentiment réel et durable de la société, elles
ont disparu avec la puissance de ceux qui les avaient
imaginées, et pour en faire justice la réaction n'a eu
besoin que de l'arme du ridicule.

» Une institution n'est donc durable qu'à la condition de la sympathie publique, et c'est pour avoir satisfait à cette condition que nos expositions ont pris un si

grand essor, et deviennent chaque jour de plus en plus les fêtes de la civilisation moderne.

» Mais si belles, si utiles, si complètes que soient ces expositions, ce n'est pas leur seul aspect qui donne tant d'attrait à ces concours. Il y a autre chose dans ces fêtes qu'un spectacle pour les yeux. Si le gouvernement tient à si grand honneur de les avoir fondées, s'il les protége, s'il les encourage, c'est qu'elles sont vraiment utiles, vraiment fécondes. C'est qu'elles honorent l'agriculture, « *le premier élément*, a dit Napoléon III, *de la prospérité d'un pays, parce qu'elle repose sur des intérêts immuables et qu'elle forme la population saine, vigoureuse et morale des campagnes.* »

» Aussi le succès toujours croissant de nos fêtes agricoles et industrielles est-il une des meilleures preuves de la stabilité de nos institutions et de la prospérité du pays.

» Du moins nous avons là des enceintes qui ne sont pas ouvertes aux passions politiques. Elles reçoivent et réunissent ceux que les distinctions sociales tendaient à séparer. Elles les font asseoir sur les mêmes bancs, les confondent par les mêmes travaux, par les mêmes récompenses. Voilà la bonne fraternité, celle qu'on pratique et dont on ne parle pas.

» Nos fêtes ouvrent une arène à toutes les ambitions légitimes. Elles constatent les forces de notre civilisation ; elles lui impriment une émulation féconde ; elles font pénétrer parmi nous l'esprit d'association et prêtent au gouvernement un puissant levier pour introduire dans nos mœurs cette initiative à laquelle, dans une circonstance mémorable, l'Empereur conviait naguère la nation en des termes qui ne sauraient trop être rappelés :

« Vous avez été frappés en Angleterre, disait l'Em-
» pereur aux exposants qui avaient représenté la France
» à Londres, de cette liberté sans restriction laissée à
» la manifestation de toutes les opinions comme au déve-
» loppement de tous les intérêts. Vous avez remarqué
» l'ordre parfait maintenu au milieu de la vivacité des
» discussions et des périls de la concurrence. C'est que
» la liberté anglaise respecte toujours les bases princi-
» pales sur lesquelles reposent la société et le pouvoir.
» Par cela même elle ne détruit pas, elle améliore ; elle
» porte à la main non la torche qui incendie, mais le

» flambeau qui éclaire, et, dans les entreprises particu-
» lières, l'initiative individuelle s'exerçant avec une
» infatigable ardeur, dispense le gouvernement d'être le
» seul promoteur des forces vitales d'une nation ; aussi,
» au lieu de tout régler, laisse-t-il à chacun la respon-
» sabilité de ses actes.

» Voilà à quelles conditions existe, en Angleterre, cette
» merveilleuse activité, cette indépendance absolue. La
» France y parviendra aussi le jour où nous aurons con-
» solidé les bases indispensables à l'établissement d'une
» entière liberté. Travaillons donc de tous nos efforts
» à imiter de si profitables exemples : pénétrez-vous
» sans cesse des saines doctrines politiques et commer-
» ciales, unissez-vous dans une même pensée de conser-
» vation, et stimulez chez les individus une spontanéité
» énergique pour tout ce qui est beau et utile. »

» Messieurs, ces nobles paroles renferment un grand
enseignement. Nos concours, répandus sur toute la
surface de l'Empire, nous apprennent la vraie fraternité. Ils nous apprendront la véritable liberté, non cette
liberté qui, sous les inspirations dissimulées de l'ambition et de la haine, trouble et déchire une nation, mais
celle qui, sous l'impulsion d'un souverain animé du plus
grand esprit et du plus grand cœur des temps modernes, fonde les choses durables et assure le bonheur et
la gloire d'un grand peuple. »

Après ce discours, plusieurs fois interrompu par les
applaudissements du public, M. Bonnet, président
de la société d'agriculture de la Gironde, a donné
lecture du rapport sur la grande prime d'honneur, qui
a été obtenue, ainsi que nous l'avons déjà dit, par
M. Durand de Corbiac.

Voici ce rapport :

« Messieurs,

» Le jury chargé de décerner la prime d'honneur
dans le département de la Dordogne a rempli une mission aussi attachante que sérieuse. La contrée qu'il a
parcourue dans toute son étendue pour en étudier mi-

nutieusement quelques points offre un vif et profond intérêt dans son aspect, dans son histoire, dans son passé
et dans son avenir.

» Rien de plus varié que la physionomie de l'ancienne province du Périgord. Des plaines opulentes, bordées
par des coteaux chargés de pampres, s'étendent sur les
bords de la Dordogne ; dans l'intérieur, des plateaux
arides, des terrains montueux couverts de bois sont cou-
pés par des vallées fraîches, riantes et fertiles ; puis le
sol s'élève, et ses ondulations granitiques, tapissées de
prairies rafraîchies par ces sources nombreuses, font
pressentir l'approche des hauts pâturages du Limousin.

» Ce beau pays a plus d'une fois, dans le cours des
siècles, connu la prospérité ; les monuments de tous les
âges y rappellent de grands souvenirs ; à l'époque romaine, trente mille spectateurs s'asseyaient sur les gra-
dins de l'amphithéâtre de Vésone ; les temps les plus
reculés du moyen-âge virent s'élever les coupoles de
Saint-Front et ces puissants châteaux dont les restes
dominent encore et décorent la contrée ; plus tard, le
commerce et l'industrie prirent un grand essor dans le
bas Périgord. Mais toujours de grands désastres succé-
dèrent à ces époques brillantes. Les barbares détruisi-
rent la splendeur romaine ; la prospérité du haut
moyen-âge fut anéantie par les sanglantes luttes de la
guerre de cent ans ; les guerres de religion furent ici
très-cruelles ; leurs dernières convulsions ruinèrent la
florissante ville de Bergerac ; enfin, la révocation de
l'édit de Nantes acheva d'étouffer les germes de richesses qui se développaient dans la vallée de la Dordogne.

» Au milieu des agitations de son histoire, le Périgord fut grand par l'esprit. Il a marqué dans le mouvement littéraire de notre pays, par les chansons chevale-
resques de Bertrand de Born, par la verve salée de
Brantôme, par la fantaisie de Cyrano, par bien d'autres
talents aimables ou sérieux, et au-dessus d'eux, par ces
deux grands hommes dont il eut l'insigne honneur d'être
le berceau ; Fénelon, qui a uni la grâce antique à la
tendresse chrétienne ; Montaigne, génie profond et fa-
milier, dont l'œuvre restera toujours unique parmi les
chefs-d'œuvres de tous les temps.

» Dans l'époque moderne, le Périgord semble isolé
de l'activité générale, il est hors des grands courants de

circulation, sa viabilité intérieure est mauvaise, l'ignorance et la pauvreté règnent parmi les populations arriérées de ses campagnes.

» Mais de nos jours, sous l'influence de la paix et de la liberté, cet engourdissement s'est dissipé, le département de la Dordogne a été sillonné de routes admirablement construites, l'activité générale s'est réveillée, l'agriculture est sortie de sa routine séculaire. C'est ici que celui que la France devait regretter sous le nom devenu illustre de maréchal Bugeaud prodigua aux agriculteurs les conseils et les exemples, et tint la charrue dans l'intervalle qui sépara les deux époques où il tint glorieusement l'épée. La Dordogne a eu des représentants distingués dans les assemblées et dans toutes les carrières publiques; elle est particulièrement fière d'un de ses enfants qui siége aujourd'hui dans le premier corps de l'état et dans le plus haut conseil de l'Empire, après avoir dirigé avec une habileté supérieure les finances du pays, et auquel son caractère et son talent assurent toujours dans les affaires publiques une influence considérable et une part brillante. Une société d'agriculture, nombreuse et éclairée, dirige depuis longtemps le mouvement et stimule le progrès ; des comices cantonaux multipliés, une ferme-école anciennement établie et habilement dirigée, vulgarisent les idées nouvelles et les pratiques améliorées jusqu'au fond des campagnes les plus reculées. Enfin, pour achever cette heureuse transformation, voici que ce pays, longtemps isolé en France, devient privilégié dans la répartition des grands travaux publics et voit se former sur son territoire un des principaux nœuds du réseau des chemins de fer français. En même temps, le gouvernement de l'Empereur donne une vive impulsion à l'agriculture par des mesures intelligentes et de larges encouragements, tandis que l'inauguration d'une nouvelle politique commerciale ouvre à ses produits les plus précieux des débouchés sans limites.

» Sous ces favorables auspices, l'avenir de l'agriculture de la Dordogne est plein d'espérances. Les voies dans lesquelles elle doit marcher semblent indiquées par la nature des choses, et une longue carrière s'ouvre devant son activité. Il reste encore bien des terres incultes à défricher, la plupart peuvent arriver à la richesse par la culture forestière dont les communications faciles et rapides ont tant augmenté l'importance ; quelques-unes se prêteront à la plantation de la vigne, offrant par là à leurs propriétaires des perspectives séduisantes, mais aussi des dangers d'encombrement momentané des produits, surtout à ceux qui n'auraient pas su par des soins intelligents assurer la bonne qualité et la bonne conservation de leurs vins. On ne peut que souhaiter dans les terrains fertiles le perfectionnement de la culture des céréales et l'extension des fourrages pour développer cette riche production animale qui est déjà une des aptitudes les mieux constatées du pays. Les cultures industrielles ne peuvent pas tenir une grande place là où prospère la vigne ; nulle industrie agricole ne peut dépasser le produit de la vigne et ne doit lui disputer les soins de l'agriculteur. Les champs du Périgord semblent donc devoir continuer à fabriquer de plus en plus abondamment et de plus en plus économiquement le bois, le vin, le blé et la viande.

» Dans cette direction, les progrès désirables pourront s'accomplir par toutes les formes de l'exploitation agricole. Le faire-valoir direct par des propriétaires aisés et éclairés offre de bien précieux avantages ; il a déjà donné d'excellents exemples ; on peut encore beaucoup attendre de son initiative. Aux propriétaires intelligents qui marchent dans cette voie difficile et honorable, il faut surtout signaler l'importance des deux puissants instruments de progrès : d'abord la substitution du travail mécanique au travail manuel, toutes les fois que cela est possible, pour obtenir un résultat plus prompt, plus régulier, plus économique et ménager cette force précieuse de l'homme dont on accuse souvent l'insuffisance, tout en la prodiguant ; ensuite la comptabilité sérieuse et complète éclairant la marche de l'entreprise, rendant clairement compte de chaque opération et résumant les indications les plus sûres sous la forme la plus exacte et la plus précise.

» Le fermage est peu usité : l'épargne n'a pas encore formé, dans la population rurale, les capitaux suffisants pour que ce mode d'exploitation se généralise ; l'époque où l'industrie des fermiers saura porter le sol à la limite extrême de sa fertilité n'est point encore arrivée pour la Dordogne.

» Dans l'état actuel de la richesse, le métayage est

naturellement la forme la plus usuelle de l'exploitation
du sol. Il faut donc que le progrès, pour embrasser la
généralité du pays, s'accomplisse par le métayage, et
cela ne peut se faire qu'avec la collaboration active du
propriétaire ; les avances et les idées doivent venir de
lui, et les avances feront accepter les idées ; le bien-être
de ses métayers doit le préoccuper aussi, il doit chercher à améliorer leur condition morale et matérielle ;
on trouve encore bien des enfants privés de l'instruction primaire, bien des intérieurs pénibles à voir, et souvent l'amélioration de la demeure de l'homme n'a pas
marché aussi vite que celle du logement des animaux.
L'intérêt et l'humanité sont ici d'accord ; les choses
sordides font les mœurs grossières, l'ignorance et la
misère font l'insouciance et le désordre ; avec de semblables éléments, rien ne peut prospérer ; c'est en ac-
complissant une œuvre de charité bien entendue, que
les propriétaires de métairies verront s'accroître la valeur de leurs domaines.

» Sous toutes ces formes, le progrès s'accomplit déjà ;
sa marche sera de plus en plus accélérée par l'accumu-
lation des bénéfices, créatrice du capital dont l'heureuse
influence élèvera le produit du sol, en même temps que
la condition de la population laborieuse.

» Il appartient aux hommes d'initiative et de dévoû-
ment de hâter ces résultats ; déjà ils sont à l'œuvre, et
des succès remarquables ont été obtenus. Le concours
que nous avons eu à juger en est une preuve éclatante.
Les dix-neuf concurrents qui ont été visités par le jury
lui ont soumis des travaux remarquables et ont présenté
bien des titres que nous devons maintenant apprécier
avec la rapidité que nous commande l'assemblée solennelle qui veut bien nous prêter pour un moment son attention que tant d'autres objets dignes d'elle demande-
ront encore.

» Le jury a examiné avec beaucoup d'intérêt plusieurs exploitations auxquelles il n'a pu attribuer de récompenses : M. Boyer a créé sur son domaine de la
Coudercherie un vaste vignoble ; M. de la Jonie fils administre avec sagesse la magnifique terre de Rivière, près
de Bergerac ; M. de Lansade de Plagne poursuit active-
ment, dans un âge avancé, le défrichement de ses terres,
près de Lanouaile, et conquiert ses champs sur les
bruyères ; MM. Valade frères améliorent un do-

maine aux portes de Nontron et se font distinguer par
la b lle tenue de leur bétail ; M. Magueur, à Hautefort,
s'est dévoué depuis vingt ans à l'œuvre longue et difficile de la restauration d'une terre immense, longtemps
négligée, et a su se faire des auxiliaires des métayers
qui la cultivent ; M. Jacquinot de Presle déploie sur son
domaine, à Laborie-Saint-Martial, beaucoup d'activité et
d'ardeur et a déjà obtenu des résultats qui donnent
pour l'avenir de belles espérances ; M. Marcon enfin, à
Lamothe-Montravel, s'attache avec application, avec
succès à la culture de la vigne, et a notamment introduit
et pratiqué avec intelligence une méthode rationnelle de
la taille qui pourra rendre service à cette précieuse
branche de l'agriculture de la Dordogne.

» Dans les exploitations que nous venons de citer, il
y a bien des mérites divers, quelquefois très-distingués,
il y a des entreprises encore inachevées, qui pourront
plus tard prétendre aux plus hautes récompenses ; c'est
déjà un honneur que d'avoir figuré sérieusement dans
un concours aussi remarquable.

» D'autres se sont plus approchés du but et ont mérité, à divers degrés, des récompenses.

» M. de Galard de Béarn, à Connezac, réside sur son
domaine, dirige les travaux de la culture et de l'amélioration foncière. Il a présenté aujourd'hui de bonnes
constructions rurales, de beaux animaux ; il a fait des
opérations de drainage importantes, il a défriché et mis
en valeur des terrains difficiles, il a réussi dans des
plantations et semis forestiers. Le jury a décerné à M.
de Galard de Béarn une *médaille d'argent*.

» M. Grolhier, de Nontron, a présenté au jury vingt
métairies. On a remarqué chez lui d'excellents chemins, de vastes plantations, des chaulages opportuns
et considérables ; mais il faut signaler surtout les constructions des métairies. Les étables sont vastes, saines et commodes ; les maisons destinées aux colons se
distinguent par d'excellentes dispositions intérieures
et par une certaine élégance rustique. Il y a là une dépense intelligente et libérale, un exemple utile, un mérite bien digne d'une récompense et auquel le jury a
voulu attacher une *médaille d'argent*.

» M. Montagut, à Marsac, ancien élève de Roville,
cultivant ses terres depuis 25 ans, a pu acquérir les
connaissances et l'expérience qui font un agriculteur

consommé. Il a de bonnes constructions rurales, des instruments excellents ; le travail est organisé chez lui dans des conditions qui tendent à relever la position des cultivateurs ; ses animaux sont améliorés par des croisements judicieux, entretenus avec grand soin, engraissés d'une manière remarquable. Le jury donne à M. Montagut une *médaille d'argent.*

» Ces trois médailles d'argent, de même que les cinq médailles d'or qui vont suivre, ont été décernées pour des mérites spéciaux et très divers, conséquemment sans classement entre les lauréats.

» M. le baron du Cluzeau exploite depuis 1852 le grand domaine de Clérant, dans la pittoresque vallée de la Vézère ; il a fait preuve, dans la direction de cette entreprise agricole, d'une remarquable intelligence et de connaissances étendues. Création d'un vignoble sur un coteau rapide, bonne fabrication et bonne conservation du vin, construction d'une vaste grange et d'une très-belle étable, assolement judicieux régulièrement suivi et surtout étendue et état magnifique des cultures fourragères, tels sont les principaux titres qui ont valu à M. le baron du Cluzeau une *médaille d'or.*

» M. Huot de Suzanne, à Thenon, a déployé une rare énergie pour l'amélioration d'un sol rebelle. Au centre de l'exploitation, des constructions importantes et bien entendues ont été élevées, un ordre sévère y est établi, le cheptel est nombreux, bien choisi et bien tenu, les labours profonds et bien faits, la culture est bonne et s'étend tous les jours sur des sols incultes par des défrichements hardis et rapides, la comptabilité est soignée, M. Huot de Suzanne a paru au jury mériter une *médaille d'or.*

» M. le marquis de Malet Poycharnaud poursuit, depuis 1850, l'amélioration d'un vaste domaine cultivé par des métayers. Il faut signaler chez lui un plan sagement conçu, méthodiquement appliqué, et dont l'éxécution, devenue complète, amènera de bons résultats. M. de Malet a introduit de bons reproducteurs étrangers, fait d'importants travaux de drainage et de chaulage, et constaté toutes ses opérations par des écritures tenues avec beaucoup d'ordre. Le jury a décerné à M. le marquis de Malet une *médaille d'or.*

» M. de Pouzols de Lile, à Salignac, a complètement transformé un sol exceptionnellement difficile au prix de 55 ans de persévérants efforts. Les défoncements profonds sont remarquablement exécutés sur le domaine d'Erignac ; ils reviennent périodiquement dans la culture ordinaire ; ils ont assuré le succès de plantations de vignes sur des coteaux calcaires, où souvent la terre disparaît sous une couche épaisse de débris rocheux. Les fumiers sont très-soigneusement faits, le bétail est en bon état, l'assolement bien entendu et tous les travaux manuels parfaitement exécutés. L'énergie et l'habileté pratique de M. de Pouzols de Lile seront justement récompensées par une *médaille d'or*.

» M. le vicomte de Segonzac possède un très-vaste domaine, sur des terrains médiocres, à pentes excessives ; il a placé sous son exploitation directe plusieurs anciennes métairies réunies aujourd'hui en deux corps de domaines sur lesquels il pratique les principes d'une culture avancée et offre un bon exemple aux métayers et aux fermiers qui cultivent le reste de la terre, ainsi qu'à toute la contrée. M. de Segonzac a beaucoup amélioré son bétail et son matériel agricole, il a exécuté de grands travaux d'amélioration foncière, il a de belles cultures, des écritures soigneusement tenues. Il nous a paru mériter une *médaille d'or*.

» M. Bugeaud exploite, depuis 1857, le domaine de la Juvénie, canton de Lanouaille ; il dirige son entreprise lui-même et trouve de précieux collaborateurs dans Mme Bugeaud et ses deux jeunes filles, qui donnent leurs soins à la comptabilité et à la tenue du ménage de la ferme. La famille réside constamment à la Juvénie ; c'est une vie vraiment agricole, occupée et sérieuse, utile et honorée. La culture est faite par des domestiques et des journaliers.

» Les constructions sont très-pratiquement conçues et tenues avec beaucoup d'ordre. L'assolement est régulier, les labours parfaitement exécutés, l'état des récoltes est très-remarquable. Le cheptel est nombreux, les animaux sont parfaitement choisis et tenus dans un état excellent ; l'étable, spacieuse et claire, remplie d'un grand nombre d'animaux d'une conformation élégante, d'un type uniforme, présente un spectacle agricole du plus haut intérêt.

» Parmi de nombreux travaux d'amélioration foncière, il faut surtout remarquer l'établissement par semis de taillis de chêne et de châtaignier exécuté sur une vaste échelle et avec le plus heureux succès.

» M. Bugeaud est un praticien excellent, il possède une expérience consommée, un coup-d'œil sûr ; ses remarquables travaux nous ont paru mériter une distinction exceptionnelle et nous lui avons décerné *une médaille d'or grand module*.

» M. Durand de Corbiac est propriétaire par héritage du domaine de Corbiac, situé dans les communes de Bergerac et de Lembras, à 4 kilomètres de la ville.

» A l'époque où M. Durand fut mis en possession de ce domaine, les terres étaient cultivées par des métayers, les vignes par des vignerons à prix fait, la condition des métayers était misérable et le revenu du propriétaire insignifiant, les bois, mal aménagés et mal gardés, donnaient un faible produit, les vignes seules, grâce à la qualité du vin, offraient parfois des résultats avantageux; le domaine avait été estimé 120,000 fr. M. Durand, dont la vie jusqu'alors s'était écoulée dans le monde, dans les voyages, dans l'étude sérieuse des beaux-arts, résolut d'entreprendre l'amélioration de son héritage, et voulut se consacrer tout entier à cette œuvre qu'il jugeait devoir être profitable pour sa famille et utile pour son pays. Il reprit successivement toutes les métairies et les fit cultiver par ses ouvriers ; il diminua l'étendue des vignes vieilles et augmenta celle de ses cultures, surtout des fourrages, accrut et améliora son bétail, draîna ses terres humides, éleva sur ses coteaux l'eau qui se perdait à leur pied, construisit des bâtiments en rapport avec la nouvelle importance de son exploitation; en un mot, créa complètement l'état de choses qui a passé sous nos yeux et dont il nous reste à rendre compte. M. Durand de Corbiac a voué vingt ans de sa vie à ce travail persévérant ; ces vingt années ont été fructueusement et honorablement remplies.

» L'étendue actuelle du domaine de Corbiac est de 150 hectares, dont 40 hectares en vignes, 36 hectares en terre labourable, 20 hectares en prés, 52 hectares en bois, 2 hectares en jardin, verger, etc.

» Le sol est généralement de qualité médiocre et formé de silice et d'argile dans des proportions variables, avec sous-sol de roche et de tuf ferrugineux ; quelques terres sont d'origine alluvionnelle, argilo-calcaires, difficiles à travailler, mais d'une assez grande fertilité ; ces dernières sont situées dans la vallée du Codeau, petit cours non navigable, qui contourne les coteaux sur lesquels est située la partie la plus étendue du domaine.

» M. Durand dirige personnellement son exploitation; il est secondé par un maître-valet bouvier, chef de culture, et par un maître vigneron. Les travaux sont faits dans les terres, prés et vignes labourées par des valets gagés, logés et nourris ; dans les vignes façonnées à la main, par des vignerons logés dans des maisons situées au milieu des vignes, jouissant d'un jardin, recevant un salaire en blé appelé *pension*, du vin, des piquettes, le bois de la vigne qu'ils travaillent. Ces vignerons doivent au propriétaire, qui, de son côté, est tenu de les occuper, toutes leurs journées en dehors de leurs façons de vignes, à raison de 60 c. par journée. Un forgeron-mécanicien, ouvrier du pays formé par les soins du propriétaire, dirige et répare les machines, un garde particulier et des jardiniers complètent le personnel. Les familles des valets et des vignerons fournissent des femmes et des enfants constamment occupés sur le domaine. Quelques ouvriers du pays sont pris en dehors de la propriété, seulement pour des travaux extraordinaires, terrassements ou autres. La condition de tous ces travailleurs paraît bonne, leurs salaires sont suffisants, leur logement, leur nourriture, leur santé, leur bien-être, l'instruction de leurs enfants, sont l'objet des soins du propriétaire.

» Les bâtiments sont considérables et excellents. Auprès du château sont les locaux affectés à la fabrication et à la conservation du vin, cuviers, chais bien tenus et présentant des dispositions ingénieuses ; là se trouvent aussi les greniers à grains, le séchoir à tabac, les ateliers de forge, charronage, menuiserie, peinture et vitrerie, une scierie à scie circulaire mue par la vapeur et un château d'eau dont nous aurons occasion de reparler. A une certaine distance de l'habitation, et séparées par un vallon de prairies, sont groupées toutes les constructions destinées aux hommes, aux animaux et au matériel de la culture. Ici tout est remarquable. Une vaste grange reçoit commodément dans sa partie inférieure 50 bêtes bovines ; des caves établies sous les crèches peuvent emmagasiner 150 mètres cubes de racines ; de larges passages accessibles aux voitures facilitent le service des fourrages et des fumiers ; au-dessus de l'étable règne la grange

proprement dite, dont la capacité est augmentée par la
forme et la disposition de la charpente établie dans le
système dit à la *Philibert-Delorme*. Une chaussée en
pente douce monte de l'extérieur jusqu'à la haute porte
de la grange, dont le plancher, formé de madriers de
chêne, supporte le poids des charrettes chargées, ce qui
permet de rentrer de la façon la plus prompte et la plus
commode les fourrages secs, qui tous, malgré leur quan-
tité considérable, se placent sans peine dans la grange ;
une bascule placée à la porte permet de constater rapidement le poids de tout ce qui est engrangé. Les écuries,
les hangars, une bonne porcherie et divers logements
complètent la cour de la ferme, qui est tenue dans un
ordre parfait. L'eau jaillit à volonté pour les divers
besoins qui la réclament à chaque instant. Une plate-
forme à fumier, pourvue au centre d'une forme à purin
qui reçoit aussi les lieux d'aisance de la ferme, est disposée de manière à ce que les charrettes apportant ou
enlevant le fumier passent toujours chargées sur le tas
dont la masse est incessamment comprimée ; le fumier
reçoit aussi des arrosements fréquents du contenu de la
fosse à purin faits au moyen d'une écope hollandaise
très-commode pour cet usage. Il n'est pas besoin d'ajouter que les fumiers ainsi traités sont d'excellente qualité.
D'autres dispositions bien entendues sont prises pour la
fabrication de bons terreaux pour les prés. On ne saurait apprécier trop haut, pour l'augmentation des récoltes et pour l'amélioration du sol, de semblables pratiques observées avec suite.

» Tous les instruments de la culture la plus perfectionnée se trouvent à Corbiac, et surtout ils portent tous
la trace irrécusable d'un emploi journalier ; on y voit
des charrues à défoncements, des charrues Dombasle,
des charrues vigneronnes de divers systèmes, des herses
traînantes et roulantes, des houes à cheval, des houes
spéciales pour la vigne, combinées par M. Durand lui-
même, une moissonneuse et faucheuse, un rouleau Cros-
kil, des semoirs, un coupe-racines à double effet, une
forge portative, une machine à battre, vannant le blé,
une locomobile à vapeur de Renaud et Lotz ; le tout en
très-bon état de service.

» Le cheptel comprend 4 chevaux de travail, 1 mulet,
1 taureaux, des races limousine, garonnaise et hollandaise, 6 bœufs à l'engrais déjà parvenus à un très-bel

état d'engraissement ; 12 bœufs de travail d'une grande
force ; 14 vaches laitières, jolies, bien choisies ; 2 vaches
de travail, 11 porcs de race anglaise ou croisée, le tout
pesant approximativement 23,000 kilos, soit l'équiva-
lent de 57 têtes de gros bétail du poids normal de 400
kilos : soit une tête par hectare de terres arables ou
prés.

» L'assolement est quadriennal :

» 1° Plantes sarclées ; 2° blé ; trèfle et fourrages ; 4°
blé. Le trèfle n'occupe que la moitié de la troisième sole,
soit le huitième des terres, et ne revient par conséquent
sur le même sol qu'après huit ans. Depuis l'introduction
de la culture du tabac, 2 hectares de terres ont été
réservés pour recevoir alternativement le blé et le
tabac.

» L'état des cultures est des plus remarquables, les
façons sont toutes données avec des instruments, et la
propreté des plantes sarclées ne laisse rien a désirer ; le
tabac lui-même est travaillé au moyen d'une houe légère
qui maintient la terre meuble et nette sans endommager
les précieuses feuilles. Les blés que nous avons vus
étaient très-beaux ; la moissonneuse les faisait tomber
avec célérité et régularité, et les ouvriers faisaient
promptement les gerbes à l'aide de liens en fil de fer
économique. On avait enlevé la plupart des fourrages
qui se partagent la 3e sole avec le trèfle ; les secondes
coupes de cette légumineuse étaient uniformément belles. Les comptes de cultures constatent des productions
de 50,000 kilos de betteraves par hectare, en 1862 ; 362
hectol. 50 de blé ont été récoltés sur 10 hectares 50, et
70 hectol. d'avoine sur 1 hectare 06.

» Les prairies sont bien nivelées, arrosées avec succès, mais imparfaitement assainies dans les vallées.

» Les vignes comprennent 54 hectares façonnés à la
main, bien tenus, et 6 hectares labourés ; la culture
de ces dernières vignes mérite d'être signalée ; elles
reçoivent au printemps les deux labours ordinaires de
déchaussement et de rechaussement ; puis, pendant le
reste de la saison, le sol est souvent remué par la houe
et demeure ainsi exempt de mauvaises herbes et ouvert
par son ameublissement incessant aux influences atmos-
phériques. Ce mode de culture est à la fois excellent et
économique. Les bois sont aménagés convenablement,

bien gardés et bien défendus contre le maraudage et contre le bétail.

» La principale amélioration foncière est la transformation générale du sol par la culture. Les défoncements sont entrés dans la pratique ordinaire ; chaque hiver, la charrue Bertin, tirée par quatre forts bœufs, exécute des labours profonds de 40 centimètres pour préparer les cultures sarclées ; ces labours profonds et les fortes fumures ont porté au plus haut degré la fertilité de terres médiocres. Parmi les autres travaux d'amélioration les plus importants, il faut signaler la plantation parfaitement réussie de six hectares de vignes ; de pins sylvestres sur les plateaux arides ; l'établissement de digues à la Polonceau, pourvues de vannes et d'écluses pour préserver au printemps les prairies des inondations du cours d'eau qui les borde, tout en se réservant d'introduire ces eaux aux époques où elles sont fertilisantes ; la construction de nombreuses chaussées empierrées ; la conversion en prairie de cinq hectares de marais par le drainage tubulaire ; l'emploi judicieux de la marne et de la chaux.

Une mention toute spéciale est due à un travail hydraulique fort important exécuté en 1846 avec les conseils de M. Marot, ingénieur en chef des mines. Les coteaux de Corbiac étaient secs et arides, l'eau manquait pour le ménage, pour la ferme, pour les potagers ; de maigres pelouses entouraient le château et présentaient un aspect désolé pendant la plus belle partie de l'année. D'un autre côté, au pied de ces hauteurs, à peu de distance du cours du Codeau naissaient des sources abondantes bientôt absorbées par la rivière. M. Durand de Corbiac a su tirer admirablement parti de ces eaux inutiles jusqu'alors et désormais devenues une des plus précieuses richesses du domaine. Une roue à la Poncelet de 5 mètres de diamètre et de 0,90 c. de largeur, mue par une chûte de 65 centimètres empruntée au Codeau, entretient dans une perpétuelle action deux pompes qui puisent incessamment dans le bassin des sources 150 à 200 litres d'eau par minute et les refoulent dans des tuyaux de fonte à une distance de 200 mètres et à une hauteur de 40 mètres, jusqu'au château-d'eau établi au point culminant du coteau, dans les dépendances du château. Des tuyaux mettent en communication ce réservoir avec tous les points du domaine où le besoin de l'eau peut se faire sentir, et le trop plein perpétuellement alimenté par le mouvement sans repos des pompes s'écoule par des rigoles tracées dans les prés.

» L'arrivée des eaux sur le coteau y a tout transformé, tous les services domestiques et agricoles ont été pourvus sans limite ; un vaste potager a pu être créé dans un terrain jusque-là impropre à la culture ; enfin trois hectares de prés jadis secs et improductifs donnent aujourd'hui jusqu'à quatre coupes abondantes. L'entretien de la machine dont les effets sont si merveilleux ne donne lieu qu'à des dépenses insignifiantes ; quelques gouttes d'huile chaque matin, le remplacement d'une paire de coussinets et de quelques aubes à la roue ont suffi à la faire fonctionner depuis 1846, sans autre interruption que la courte durée de quelques inondations du Codeau. Ce beau travail, en y comprenant la construction du château-d'eau et les tuyaux d'amenée et de distribution, n'a coûté que 9,200 fr.

» La fabrication du vin est l'industrie séculaire du pays et du domaine. M. Durand en a appliqué avec soin et même perfectionné dans plusieurs détails les habiles pratiques de manière à conserver et à étendre l'ancienne réputation de ses vignobles.

» L'industrie nouvellement annexée à l'exploitation consiste dans le battage des récoltes du pays et dans la scierie qui exploite les bois du domaine et qui travaille aussi à façon pour le public ; la locomobile à vapeur est le moteur employé pour ces travaux ; elle fonctionne sans réparation depuis trois ans.

» La culture industrielle est représentée par le tabac, cultivé depuis l'autorisation accordée à la Dordogne ; en 1862, 1 hectare 20 centiares ont donné 2,500 fr., de produit brut et 1,260 fr. de produit net.

» Nous avons fait connaître le mode d'administration du domaine de Corbiac ; nous devons ajouter maintenant que la direction personnelle de M. Durand est une vérité ; résidant constamment au milieu de ses travaux, il en conçoit le plan, en règle la marche, en assure le succès par une surveillance active ; partout on retrouve l'œil et la main du maître. Signalons aussi la plus précieuse de toutes les coopérations, celle de Mme Durand de Corbiac ; elle suit avec le plus grand intérêt les détails variés de l'œuvre qui s'accomplit autour d'elle ; elle a voulu se réserver le soin minutieux de la tenue des livres, et en plus d'un point, elle concourt efficacement au succès. C'est justice de rendre à Mme Durand de Corbiac ce témoignage public, car, « comme elle a été à la peine, elle doit être à l'honneur. »

» Une dernière et éclatante preuve du dévouement de cette honorable famille à l'agriculture vient d'être donnée. Après avoir terminé le cours de ses études classiques, M. Durand de Corbiac fils est entré récemment à l'école impériale d'agriculture de Grand-Jouan, où il a déjà obtenu de brillants succès. Il y a dans ce fait un exemple à signaler aux grands propriétaires et l'assurance que l'œuvre entreprise par M. Durand sera continuée et tenue à la hauteur des progrès que nous réserve l'avenir.

» La comptabilité est tenue avec soin et régularité, les inventaires sont dressés avec la plus grande exactitude, les recettes et les dépenses constatées et coordonnées avec une parfaite précision ; un essai de tenue de livres en partie double a été fait, mais la méthode suivie n'est pas encore assez rigoureuse, et il reste sur ce point un progrès désirable à réaliser. Les livres constatent que le domaine, estimé 120,000 fr. en 1843, a reçu, par des acquisitions, un accroissement de capital de 36,000 fr.; que les améliorations foncières ont coûté 49,000 fr.; que le prix de revient du domaine atteint ainsi 205.000 fr., et que le revenu moyen des trois dernières années a été de 18,919 fr.

» Tel est Corbiac. L'ensemble est remarquable au plus haut degré, et, à presque tous égards, à la hauteur des derniers progrès de la science agricole ; il reste à compléter le renouvellement des vignes, l'assainissement des prairies, la traduction en chiffres de tous les faits de l'exploitation, puis ensuite à marcher toujours dans la voie de la culture intensive vers la perfection qui recule sans cesse.

» M. Durand de Corbiac donne depuis plus de vingt ans les plus excellents exemples ; il a prouvé qu'on pouvait se consacrer à la carrière agricole avec le plus brillant succès sans renoncer aux jouissances les plus délicates de la vie civilisée et même au culte des arts. Des entreprises semblables à la sienne sont un honneur pour ceux qui y réussissent et un bienfait pour la contrée où elles s'accomplissent ; la belle institution de la prime d'honneur est faite pour les susciter et pour les couronner dignement. Le jury a pensé unanimement que cette récompense unique devait être décernée à M. Durand de Corbiac. »

M. Pichon, juge au tribunal de Périgueux, à son tour, a donné lecture du rapport suivant sur le colonage :

MONSIEUR LE PRÉFET, MESSIEURS,

» Les belles promenades de notre cité sont dignes du magnifique tableau qui s'offre à vos yeux. — Les maîtres de l'agriculture reçoivent des récompenses dont la richesse est à la hauteur d'un pays qui honore et encourage le premier des arts. Beaucoup d'entre eux portent le signe sous lequel, en France, battent de nobles cœurs. — Pourquoi les ouvriers de la terre, ces simples cultivateurs, qui, sous le nom de colons, sont les associés des grands et petits propriétaires, n'auraient-ils pas aussi leurs récompenses et leurs signes distinctifs? — Pourquoi la grande pensée de l'Empereur, quand il a créé la médaille militaire pour le soldat de l'armée, ne serait-elle pas aussi juste pour le soldat de l'agriculture. Espérons que le généreux don de Sa Majesté, dont la sollicitude s'étend à toutes les classes d'ouvriers, contiendra un germe pour l'avenir et sera le commencement d'une institution plus complète.

» Quelques médailles d'or ou d'argent, est-ce donc trop pour cette population qui produit le pain, la viande et le vin, qui féconde de ses sueurs onze millions d'hectares, et fournit à la France les principaux contingents de sa vaillante armée ? Ces laborieux cultivateurs venant de tous les points du département (dont ils travaillent plus des neuf dixièmes) chercher de modestes récompenses, ne vous inspirent-ils pas un saisissant intérêt ? Et croyez-vous, messieurs, que leur intelligence ne recevra pas d'heureuses excitations par la vue et l'examen de toutes ces choses, dont chacun a révélé à leurs yeux ou un progrès ou une découverte ? Et croyez-vous aussi que, lorsque nos lauréats seront revenus au village, le progrès qu'aura fait leur instruction ne se propagera pas, et que tous les cultivateurs ne se ressentiront pas de cette salutaire influence ? N'en doutez pas, cette bonne semence portera ses fruits, et ces honnêtes et laborieux ouvriers seront toujours fiers d'avoir porté sur leur poitrine, pour insigne, l'emblême de l'abondance et de la force.

» Cette lacune n'existera pas au concours régional de Périgueux, grâce au patronage qu'a bien voulu accorder à la société d'agriculture de la Dordogne le ministre qui suit, en l'élargissant, la voie glorieuse qui a été ouverte par ses prédécesseurs. Elle aura été comblée, grâce aux offrandes qu'a reçues notre société et dont l'exemple a été donné par notre éminent compatriote, qu'il ne m'est pas permis de louer ici, car l'éloge a aussi sa pudeur. D'ailleurs, pourquoi parler du bien qu'il a fait quand il suffit, pour s'en convaincre, de regarder autour de soi ? Nous sommes heureux aussi de signaler les encouragements qui ont été donnés par nos députés, par l'habile magistrat qui administre le département et par le maire de Périgueux, dont vous connaissez l'intelligente et généreuse initiative. N'oublions pas M. Barral, directeur du *Journal d'agriculture pratique*, agronome aussi savant que dévoué. Ces subsides sont venus s'ajouter aux sacrifices qu'a faits la société agricole de la Dordogne, qui a organisé ce concours et qui, d'une manière plus générale, a si puissamment contribué à tous les progrès de notre agriculture. Et je suis l'organe de la commission en exprimant, à l'égard de tous les donateurs, un vif sentiment de gratitude.

» Espérons que désormais le concours du colonage, si heureusement inauguré à Périgueux, aura conquis le droit de cité dans les concours régionaux ou départementaux.

» Il me suffira pour légitimer cette espérance de rappeler que Son Excellence M. le ministre de l'agriculture, dans son discours de Poissy, a dit que les primes d'honneur étaient ambitionnées par les grands propriétaires, par les fermiers et même par les métayers et que l'extension de cette partie du concours trouverait place dans ses études. C'est, en effet, une noble et légitime ambition qui mérite d'être encouragée dans toutes les classes de la hiérarchie agricole. Dans son discours à la séance solennelle de la société centrale et impériale de France, Son Excellence nous a appris aussi que le gouvernement serait toujours prêt à marcher d'accord

avec les dispositions générales des esprits et à seconder
les efforts individuels. Nous espérons que ces généreu-
ses et encourageantes paroles trouveront ici leur application et que des primes d'honneur accordées dans tous
les concours à chaque classe d'agriculteurs apporteront
de nouveaux éléments de prospérité et de grandeur à
notre économie rurale. Si on fait judicieusement des
catégories pour les instruments et pour les races de
bétail, s'il est impossible de comparer des qualités à
d'autres qui ne leur ressemblent pas, mais qui n'en
existent pas moins, comment pourrait-on comparer,
pour les personnes, des mérites différents ? Pourquoi ne
pas spécialiser pour les agriculteurs comme on spécia-
lise pour les choses de l'agriculture ? Et si dans le concours du colonnage on a, comme quelques-uns le pen-
sent, trop fait abstraction du propriétaire, ce n'est pas
qu'on ait voulu séparer de la récompense ceux qui sont
associés pour le progrès. Le concours du colonage peut
recevoir une organisation meilleure et plus complète ;
on peut récompenser ensemble le colon et le propriétaire, ou donner à chacun une récompense spéciale qui
réponde à chaque genre de mérite ; mais le but de la
commission, le seul qui lui paraît possible avec les ressources et le temps dont elle disposait était de répondre
à un besoin commandé par l'exploitation de la presque
totalité des terres du Midi et du centre de la France, de
relever le colon de l'oubli où l'avaient laissé les grands
concours agricoles et de le signaler à la sollicitude bien-
veillante et tutélaire du gouvernement.

» Cet espoir se fortifierait si ma voix avait assez d'autorité et si le temps ne me manquait pas pour vous signaler, à grands traits, quels résultats le concours du
colonage a produit dans la Dordogne, quelles constata-
tions la commission a pu faire et quelle heureuse influence un pareil concours peut avoir sur nos populations rurales. Qu'il me suffise de faire ici une remarque
qui porte son enseignement, c'est que la commission a
constaté que les cantons où il existe des comices ont
relativement fait de grands progrès. Je suis heureux,
pour ne pas les énumérer tous, de citer les cantons de
Nontron, Périgueux, Montagrier, St-Astier, Hautefort
et Mareuil.

» Je rappelle les cantons de Nontron et d'Hautefort, car
c'est à ces deux qu'appartiennent nos deux premiers lau-

réats. L'assemblée générale a jugé ; mais elle a regretté, en présence de deux candidats si méritants, de ne pas avoir vu par elle-même pour les classer entre eux et décidé en parfaite connaissance de cause. Hors ces deux exceptions, les lauréats ont été classés par catégorie sans qu'il y eût aucun ordre de mérite pour ceux de la même catégorie.

» Je dois ajouter, dans ce court aperçu, que tous les délégués des cantons ont répondu à notre appel avec un zèle et un empressement qui sont de bon augure pour l'avenir et qui contribueront beaucoup à secouer l'esprit de routine. Pour ne citer qu'un exemple, il est un canton où la sous-commission a visité 22 domaines. Et, il est bon de le répéter, les rapports des commissions cantonales ont, en général, constaté la marche constante du progrès et ont signalé des améliorations considérables opérées par le colonage; on pourrait citer des métairies qui offrent de vrais modèles de culture intensive.

» La commission centrale a eu souvent l'embarras du choix et a eu le regret de ne pas pouvoir récompenser dignement tous les mérites. Ainsi, des colons qui n'avaient que deux ou trois ans de présence dans la métairie ont été exclus, malgré le progrès remarquable de leur exploitation ; la commission, fidèle à son programme, a voulu suivre le principe de l'association dans toutes ses conséquences, sans perdre de vue cet autre principe, que si l'exécution est l'œuvre du colon, la direction de la culture doit appartenir, pour la plus grande partie, au propriétaire du sol. C'est ainsi qu'elle a tenu un grand compte dans ses appréciations, de la soumission intelligente du colon, de la bonne harmonie entre lui et le propriétaire et de la durée des services.

» Au reste, les détails mêmes du concours départemental du colonage feront l'objet d'un rapport plus circonstancié qui, hors de proportion avec la durée de cette solennité, sera inséré dans un compte-rendu général que publiera la Société d'agriculture. Mais la commission a la satisfaction, dès à présent, de pouvoir proclamer hautement que le succès de ce concours, qui n'est qu'à son début et se perfectionnera sans doute, a dépassé toutes ses espérances.

» Permettez-moi seulement, messieurs, de vous dire quelques mots sur les caractères généraux du colonage et sur sa valeur agricole et morale.

» Le colonage partiaire, ou bail à portion de fruits, est une nécessité, me disait avec beaucoup de sens un de ses partisans ; répondez à ses détracteurs, ajoutait-il, qu'ils essayent de s'en passer. — Le colonage, qui a pour lui une consécration plus que séculaire, est quelque chose de plus, il est en principe juste et respectable à tous égards. Et je suis heureux de pouvoir m'emparer des expressions de l'un de nos députés, qui me pardonnera de trahir le secret de sa correspondance. « J'approuve, écrivait-il, ce concours de toute mon âme ; il élèvera le moral de nos cultivateurs et incitera leur intelligence. » — On pourrait prendre cette belle pensée pour l'épigraphe d'un pareil sujet.

» La prime d'honneur qui s'adresse au grand propriétaire, au grand fermier, au directeur d'une exploitation considérable, récompense l'intelligence, l'emploi utile du capital et encourage le progrès par l'exemple. — Elle a produit les meilleurs résultats. — La prime d'honneur qui s'adresse au colon récompense le travail et aussi l'intelligence dans une certaine mesure ; elle pousse à cette belle association du travail, de l'intelligence et du capital, association qui, dans l'esprit d'une loi récente, a été considérée, dans l'ordre économique, comme une heureuse transaction.

» Le colonage partiaire et les concours qui auront pour but de l'encourager intéressent donc au premier chef le progrès agricole, car ils ont pour résultat d'associer toutes les forces vives de l'agriculture.

» Le colonage partiaire touche aussi à l'économie politique, car les questions de production et de salaire sont essentiellement de son domaine.

» L'ordre moral et social ne saurait être étranger à une institution qui a pour résultat de constituer la famille, de l'empêcher de se disperser pour une vie nomade, qui est la conséquence du salaire fixe. Le cultivateur qui reste dans le pays où il est né, qui prend des habitudes sédentaires, peut acquérir une considération qui est pour lui un patrimoine comme elle est une garantie pour la société. Il se crée une famille dont il est l'espoir, en attendant que cette famille devienne sa consolation et son appui. Imitons dans les pratiques anglaises ce qu'elles ont de bon, mais laissons à l'Angleterre ces vastes exploitations où le bétail et les labours ne laissent rien à désirer et où l'on oublie rien, si ce n'est la situation matérielle et morale de l'ouvrier qui travaille le sol.

» Vous me saurez gré, messieurs, de vous citer, sur une question si complexe, une autorité dont je veux dire le nom, parce que ce nom est sympathique et connu de toute la France. Dans une de ses conférences, dont on garde toujours un souvenir agréable et utile, M. le docteur Guyot, le célèbre viticulteur, s'est déclaré partisan du colonage avec tant de cœur, dans un langage si élevé, si poétique et si libéral tout à la fois, que nous avons été très-heureux de l'entendre. Il nous a démontré que la culture de la vigne (cet arbuste industriel pour lequel propriétaires et consommateurs lui doivent tant de reconnaissance) favorisait le développement du colonage au lieu de lui être contraire, comme on le dit souvent. Et pour me servir des expressions de M. le docteur Guyot « le colonage, ce drame de la famille en plein air, en rapport avec toutes les magnificences de la nature, ce patriarchal rural » ne pouvait avoir un plus éloquent interprète. C'est une précieuse conquête pour la doctrine du colonage : et quand une cause a de pareils défenseurs, elle est bien près d'être gagnée.

» Messieurs, je n'ai fait qu'effleurer l'importante et intéressante question du colonage, dans son sens agricole et social, et je ne veux rien dire de l'intérêt politique, que cette institution peut inspirer au gouvernement ; je sortirais de ma mission ; je laisse à la clairvoyance des hommes d'état le soin d'apercevoir ce qu'il peut y avoir d'utile dans les encouragements de toute nature donnés aux populations des campagnes.

» Oui, il est bien que les sociétés agricoles restent étrangères à la politique. L'agriculture a d'autres aspects. Et, disons, en empruntant à un éminent écrivain sa pensée, qu'on a vu souvent des hommes politiques ministres ou même souverains, trouver dans la vie rurale une nouvelle jeunesse, et cette idée consolatrice que, pour son humble part, on contribue à fertiliser le sol de la patrie et à augmenter le bien-être de ses semblables.

» L'agriculture, c'est à la fois une retraite et un refuge qui guérit bien des blessures ; c'est aussi une industrie où la terre mise en valeur est toujours prête à récompenser au décuple tous les sacrifices intelligents qu'on consent à lui faire. Et, surtout, dans cette vie active, morale, salutaire à tous égards, n'oublions pas le travailleur, unissons ses espérances aux nôtres, faisons de l'association, qui établit toujours un lien de solidarité entre le présent et l'avenir ; en un mot, messieurs, faisons du colonage partiaire.

» Messieurs de la commission, je me suis estimé heureux, après avoir recueilli votre suffrage, d'avoir pu atteindre le but proposé, le seul que j'ambitionnais, car je n'avais d'autre désir que d'être l'interprète fidèle de votre pensée, qui puise sa source dans votre amour pour le bien public et dans votre devoûment aux populations rurales. »

M. Chambellant, inspecteur d'agriculture, a ensuite proclamé la grande prime d'honneur, et M. Durand de Corbiac est venu, aux applaudissements du public et aux sons triomphants de la musique, recevoir le prix de ses louables et persévérants efforts.

La proclamation des noms des autres lauréats a suivi celle de la prime d'honneur.

Un dernier rapport, sur le concours vinicole, a été lu par M. Lavergne, de la Gironde, et M. Romain Bonnet, président du tribunal de commerce, membre de la Société d'agriculture, a proclamé les prix de ce concours, qui a terminé cette partie de la fête.

Le soir, dès cinq heures et demie, les derniers préparatifs des illuminations étaient terminés.

A six heures trois quarts, une foule difficile à évaluer a envahi les boulevards, où, quelques instants après, la circulation était presque impossible.

A huit heures, les illuminations ont commencé, et, grâce à la parfaite organisation du personnel chargé de cette tâche, tout a été fait avec une rapidité et un ensemble remarquables. En même temps que la place Bugeaud, les boulevards, la principale allée de la place Michel-Montaigne et les monuments publics s'illuminaient comme par enchantement.

On ne saurait imaginer rien de plus splendide, rien de plus féerique que ces longues files de lanternes vénitiennes, ces lustres étincelants, qui projetaient au loin leurs lumières aux mille couleurs, et dont l'effet prodigieux ravissait tous les spectateurs.

A six heures, un banquet de 200 couverts était donné par la ville dans la salle des Pas-Perdus du palais de justice.

Ce banquet a été présidé par M. Bardy-Delisle, maire de Périgueux, ayant à ses côtés , M Dubeux, procureur général à la cour impériale de Bordeaux, et M. Paul Dupont, député.

En face de M. le maire se trouvait M. le préfet, qui avait à sa droite M. Chambellant, inspecteur d'agriculture, et à sa gauche Mgr Dabert, évêque de Périgueux et de Sarlat.

Parmi les personnes notables qui y assistaient, on remarquait encore : MM. les préfets de la Charente et de Lot-et-Garonne ; MM. les sous-préfets des quatre arrondissements de la Dordogne ; M. Chouri, directeur général des contributions directes, et plusieurs membres du conseil général et du conseil municipal.

Plusieurs toasts ont été portés, par M. Ladreit de Lacharrière, Mgr Dabert, M. Bardy Delisle, M. Chambelland et M. Pichon.

Ainsi s'est terminée cette fête de l'agriculture et de l'industrie, qui a été, on peut le dire, la plus belle qui ait eu lieu dans la région.

LISTE DES LAURÉATS

DU CONCOURS RÉGIONAL.

Animaux reproducteurs.

PREMIÈRE CLASSE. — ESPÈCE BOVINE.

1re CATÉGORIE. — RACE GARONNAISE PURE.

Mâles. — 1re section, animaux de 1 à 2 ans. — 1er prix, M. Régimon (Jean), à Mongauzy (Gironde) ; 2, M. Carretey, à Monpouillan (Lot-et-Garonne) ; 3, M. Labadie (Bernard), à Couthures (Lot-et-Garonne) ; 4, M. Fauloux, à Monpouillan (Lot-et-Garonne) ; mention honorable, Mme veuve Bonnal, à Villeneuve (Lot-et-Garonne). — 2e section. — Animaux de plus de 2 ans. — 1er prix, M. Durand (Jean), à Couthures (Lot-et-Garonne) ; 2, M. St-Avid-Duvigneau, à Moncaret (Dordogne) ; 3, M. Chaume, à Landerouet (Gironde) ; 4, M. Cart, à la Réole (Gironde).

Femelles. — 1re section, génisses de 1 à 2 ans. — 1er prix, M. de Menou, à Casseuil (Gironde) ; 2, M. Benoist, à Moncaret (Dordogne). — 2e section, génisses de 2 à 3 ans. — 1er prix, M. de Calbiac, à Casteljaloux (Lot-et-Garonne) ; 2, M. Laffon, à La Bastide (Lot-et-Garonne) ; 3, M. Benoist, déjà nommé. — 3e section, vaches de plus de 3 ans. — 1er prix, M. Mailhard de la Couture, à Limoges (Haute-Vienne) ; 2, M. Ménéguère (Léonard), à Meilhan (Lot-et-Garonne) ; 3 M. Pouyat, à Limoges (Haute-Vienne) ; 4, M. le vicomte de Vassal-Montviel, à Villeneuve (Lot-et-Garonne) ; mention honorable, M. Régimon (Jean), déjà nommé ; idem, M. le vicomte de Vassal-Montviel, déjà nommé.

2ᵉ CATÉGORIE. — RACE LIMOUSINE PURE.

Mâles. — 1ʳᵉ section, animaux de 1 à 2 ans. — 1ᵉʳ prix, M. Blanchon, à Limoges (Haute-Vienne) ; 2, M. Fizot-Lavergne, à Limoges (Haute-Vienne) ; 3. M. Benoist du Buis, à Couzeix (Haute-Vienne) ; 4, M. de Juniat, à Chamboret (Haute-Vienne); mention honorable, M. de Léobardy (C.), à la Jonchère (Haute-Vienne) ; idem, M. Gabriel, à Saint-Antoine de Breuilh (Dordogne). — 2ᵉ section, animaux de plus de 2 ans. — 1ᵉʳ prix, M. de Léobardy (C.), déjà nommé ; 2, M. Pétiniaud (Frédéric), à Limoges (Haute-Vienne) ; 3, M. Benoist du Buis, déjà nommé ; 4, M. Pouyat, déjà nommé ; mention très-honorable, M. Nicot, à Limoges (Haute-Vienne) ; idem, M. Blanchon, déjà nommé.

Femelles. — 1ʳᵉ section, génisses de 1 à 2 ans. — 1ᵉʳ prix, M. Pouyat, déjà nommé ; 2, M. Mor erol, à Limoges (Haute-Vienne) ; 3, M. Blanchon, déjà nommé ; mention très-honorable, M. de Pagnac, à la Jonchère (Haute-Vienne) ; idem, M. Bugeaud, à Payzac (Dordogne) ; idem, M. Nouailhier (Gabriel), à Beneuil (Haute-Vienne). — 2ᵉ section, génisses de 2 à 3 ans. — 1ᵉʳ prix, M. Dadat, à Limoges (Haute-Vienne) ; 2, M. le comte de Damas, à Hautefort (Dordogne) ; 3, M. Galard de Béarn, à Connezac (Dordogne) ; mention très-honorable, M. le comte de Damas, déjà nommé ; idem, M. Paturet, à Limoges (Haute-Vienne) ; idem, M. Benoist, déjà nommé. — 3ᵉ section, vaches de plus de 3 ans. — 1ᵉʳ prix, M. F. de Léobardy, à la Jonchère (Haute-Vienne) ; 2, M. C. de Léobardy, déjà nommé ; 3, M. de Pagnac, déjà nommé ; 4, M. Dechabacque, à Panazol (Haute-Vienne) ; mention honorable, M. de Pagnac, déjà nommé ; idem, M. Mailhard de la Couture, déjà nommé.

3ᵉ CATÉGORIE. — RACE BAZADAISE PURE.

Mâles. — 1ʳᵉ section, animaux de 1 à 2 ans. — 1ᵉʳ prix, M. Boireau, à Barsac (Gironde) ; 2, M. de Bienassis, à Poussignac (Lot-et-Garonne) ; 3, M. Descacq, à Cudos

(Gironde) ; mention honorable, M. Magondeaux, à Bazas (Gironde). — 2ᵉ section, animaux de plus de 2 ans. — 1ᵉʳ prix, M. Saige (Joseph), à Bazas (Gironde) ; 2, M. Magondeaux, déjà nommé ; 3. M. Millet (Raymond), à Langon (Gironde).

Femelles. — 1ʳᵉ section, génisses de 1 à 2 ans, 1ᵉʳ prix, M. Chanterre, à Langon (Gironde) ; 2, M. Magondeaux, déjà nommé. — 2ᵉ section, génisses de 2 à 3 ans. — 1ᵉʳ prix, M. Saige (Joseph), déjà nommé ; 2, M. Boireau, déjà nommé. — 3ᵉ section, vaches de plus de 3 ans, — 1ᵉʳ prix, M. Soubiran, à Bazas (Gironde) ; 2, M. Peyrusse (Raymond), au Nizan (Gironde) ; 3, M. Laverny (Pierre), à Sainte-Maure (Lot-et-Garonne) ; mention très–honorable, M. Soubiran, déjà nommé.

4ᵉ CATÉGORIE, RACES VENDÉENNES.

1ʳᵉ *Division, race parthenaise pure.*

Mâles. — 1ʳᵉ section, animaux de 1 à 2 ans. — 1ᵉʳ prix, M. Aufort (Pierre), à Saint–Sulpice-les-Feuilles (Haute–Vienne) ; 2, M. Dislean (Auguste), à St-Ouenne (Deux–Sèvres). — 2ᵉ section, animaux de plus de 2 ans. — 1ᵉʳ prix, M. Beaudet, à Saint-Maixent (Deux-Sèvres) ; 2, M. Disleau (Auguste), déjà nommé.

Femelles. — 1ʳᵉ section, génisses de 1 à 2 ans. — 1ᵉʳ prix, M. Beaudet, déjà nommé ; 2, M. Audebert, à Allone (Deux-Sèvres). — 2ᵉ section, génisses de 2 à 3 ans. — 1ʳᵉ prix, M. Tristant (Louis), à Echiré (Deux-Sèvres) ; 2, M. Beaudet, déjà nommé. — 3ᵉ section, vaches de plus de 3 ans. — 1ᵉʳ prix, M. Gaignard (Ernest), à St-Gelais (Deux-Sèvres) ; 2, M. Beaudet, déjà nommé ; mention honorable, M. Tristant (Louis), déjà nommé.

2ᵉ *Division, race nantaise pure.*

Mâles. — 1ʳᵉ section, animaux de 1 à 2 ans. — Prix unique, M. Apercé (Pierre), à Chauray (Deux-Sèvres). — 2ᵉ section, animaux de plus de 2 ans. — Pas d'animaux présentés.

Femelles. — 1ʳᵉ section, génisses de 1 à 2 ans. — Prix

unique, M. Tristant (Louis), déjà nommé. — 2e section, génisses de plus de 2 ans, — Prix unique, M. de Noussat (Marcelin), à Blond (Haute-Vienne). — 3e section; vaches de plus de 3 ans. — 1er prix, M. Disleau, déjà nommé ; 2, M. Gaignard (Ernest), déjà nommé ; mention honorable, M. Disleau, déjà nommé.

5e CATÉGORIE. — RACES FRANÇAISES DIVERSES PURES.

Mâles. — 1re section, animaux de 1 à 2 ans. — 1er prix, non décerné ; 2, M. Vignéras, à Excideuil (Dordogne). — 2e section, animaux de plus de 2 ans. — 1er prix, non décerné ; 2, M. le vicomte de Segonzac, à Segonzac (Dordogne).

Femelles. — 1re section, génisses de 1 à 2 ans. — 1er prix, non décerné ; 2, M. de Léobardy (Charles), déjà nommé. — 2e section, génisses de plus de 2 ans. — 1er prix, M. Vignéras, déjà nommé ; 2, M. le comte de Damas, déjà nommé. — 3e section, vaches de plus de 3 ans. — 1er prix, M. Vignéras, déjà nommé ; 2, M. de Léobardy (Charles), déjà nommé ; 3, M. Saint-Avid-Duvigneau, déjà nommé.

6e CATÉGORIE. — RACE DURHAM PURE.

Mâles. — 1re section, animaux de 1 à 2 ans. — 1er prix, M. Pouyat, déja nommé ; 2, M. Dubreuil, à Limoges (Haute-Vienne) ; 3, M. Daubin (Armand), à Magnac-Laval (Haute-Vienne). — 2e section, animaux de plus de 2 ans. — 1er prix, M. Fombelle, à Magnac-Laval (Haute-Vienne) ; 2, M. Huot de Suzanne, à Thenon (Dordogne) ; 3, M. Dubreuil, déjà nommé.

Femelles, — 1re section, génisses de 1 à 2 ans. — 1er prix, M. de Séguineau de Lognac, à Portets (Gironde) ; 2, M. Michel (Henry), à Solignac (Haute-Vienne) ; mention très-honorable, M. de Séguineau de Lognac, déjà nommé ; mention honorable, M. Huot de Suzanne, déjà nommé ; *idem*, M. Journu, à Bordeaux (Gironde). — 2e section, génisses de plus de 2 ans. — 1er prix, M. Michel (Henry), déjà nommé ; 2, M. Dubreuil, déjà nommé ; —

3e section, vaches de plus de 8 ans. — 1er prix, M. Daubin (Armand), déjà nommé ; 2, M. Dubreuil, déjà nommé ; 3, M. Huot de Suzanne, déjà nommé ; 4, M. de Séguineau de Lognac, déjà nommé ; mention honorable, M. Michel (Henry), déjà nommé.

7e CATÉGORIE. — RACES ÉTRANGÈRES PURES.

Mâles. — 1re section, animaux de 1 à 2 ans. — 1er prix, M. le marquis de Dampierre, à Plassac (Charente-Inférieure) ; 2, M. de Vassal-Montviel, déjà nommé. — 2e section, animaux de plus de 2 ans. — 1er prix, M. Pouchan, à Pujols (Gironde) ; 2, M. de Séguineau de Lognac, déjà nommé ; 3, M. le comte de Damas, déjà nommé.

Femelles. — 1re section, génisses de 1 à 2 ans. — 1er prix, M. Moller (H.), à Barsac (Gironde) ; 2, M. de Saint-Amand (Jules), à Monflanquin (Lot-et-Garonne) ; mention honorable, M. Journu, déjà nommé ; idem, M. Pouchan, déjà nommé. — 2e section, génisses de plus de 2 ans. — 1er prix, M. le marquis de Dampierre, déjà nommé ; 2, M. Moller (H.), déjà nommé. — 3e section, vaches de plus de 3 ans. — 1er prix, M. le marquis de Dampierre, déjà nommé ; 2, M. d'Assaily, à Vouillé (Deux-Sèvres) ; 3. M. Durand de Corbiac, à Corbiac (Dordogne) ; mention honorable, Mme la supérieure de l'hospice de Périgueux (Dordogne).

8e CATÉGORIE. — CROISEMENTS DURHAM.

Mâles. — 1re section, animaux de 1 à 2 ans. — 1er prix, M. Michel (Henri), déjà nommé ; 2, M. Pauzat, déjà nommé. — 2e section, animaux de plus de 2 ans. — Pas d'animaux présentés.

Femelles. — 1re section, génisses de 1 à 2 ans. — 1er prix, M. de Séguineau de Lognac, déjà nommé ; 2, M. Michel (Henri), déjà nommé. — 2e section, génisses de plus de 2 ans. — 1er prix, M. Michel Henry), déjà nommé ; 2, M. Pouyat, déjà nommé. — 3e section, vaches de plus de 3 ans. — 1er prix, M. Michel (Henry), déjà nommé ; 2, M. Pouyat, déjà nommé.

9ᵉ CATÉGORIE. — CROISEMENTS DIVERS.

Mâles. — 1ʳᵉ section, animaux de 1 à 2 ans. — 1ᵉʳ prix, M. Saint-Martin, à Mérignac (Gironde) ; 2, M. Colombier, à Aixe (Haute-Vienne. — 2ᵉ section, animaux de plus de 2 ans. — 1ᵉʳ prix, M. Morterol, déjà nommé ; 2, M. Bois-Bertrand, à Maisonnais (Haute-Vienne).

Femelles. — 1ʳᵉ section, génisses de 1 à 2 ans. — 1ᵉʳ prix, M. Journu, déjà nommé ; 2, M. Saint-Martin, déjà nommé. — 2ᵉ section, génisses de plus de 2 ans. — 1ᵉʳ prix, M. Saint-Martin, déjà nommé ; 2, M. de Menou, déjà nommé. — 3ᵉ section, vaches de plus de trois ans. — 1ᵉʳ prix, M. de St-Avid-Duvignau, déjà nommé ; 2, M. de Léobardy (Charles), déjà nommé.

2ᵉ CLASSE. — ESPÈCE OVINE.

1ʳᵉ CATÉGORIE. — RACES FRANÇAISES PURES.

Mâles. — 1ᵉʳ prix, M. le vicomte de Segonzac, à Segonzac (Dordogne) ; 2, M. Magne (A.), à Trélissat (Dordogne) ; 3, M. Perrot, à Saint-Sulpice-les-Feuilles (Haute-Vienne) ; 4, M. Hériaut, à Barret (Charente).

Femelles. — 1ᵉʳ prix, M. Magne, déjà nommé ; 2, M. Merlin-Lemas, à Saint-Victorien (Haute-Vienne) ; 3, M. le vicomte de Segonzac, déjà nommé ; mentions honorables, M. Aufort (Pierre), déjà nommé, et M. Le Bussières, à Arnac-la-Pote (Haute-Vienne).

2ᵉ CATÉGORIE. — RACES ÉTRANGÈRES A LAINE LONGUE.

Mâles. — 1ᵉʳ prix, Mᵐᵉ veuve Noirit et M. Guilbert, à Périgueux (Dordogne) ; rappel de 2ᵉ prix, M. Deschamps, à Razac (Dordogne) ; 2, M. Vignéras, déjà nommé.

Femelles. — 1ᵉʳ prix, M. Deschamps, déja nommé ; 2, non décerné.

3ᵉ CATÉGORIE. — RACES ÉTRANGÈRES A LAINE COURTE.

Mâles. — 1ᵉʳ prix, M. le comte de Bouillé (Roger), à

Mansle (Charente); 2, M. de Joly de Bonneau, à Bonneau (Lot-et-Garonne) ; 3, M. le marquis de Dampierre, à Plassac (Charente); 4, Merlin-Semas, déjà nommé ; mentions honorables, M. le marquis de Dampierre, déjà nommé, et M. le comte de Bouillé (Roger), déjà nommé.

Femelles. — 1er prix, M. le comte de Bouillé (Roger), déjà nommé ; 2, M. d'Assailly, déjà nommé, 3, M. le marquis de Dampierre, déjà nommé.

4° CATÉGORIE. — CROISEMENTS DIVERS.

Mâles. — 1er prix, M. de Saint-Amand (Jules), déjà nommé ; 2, M. le vicomte de Segonzac, déjà nommé ; mention honorable, M. Tingaud, à Espenède (Charente).

Femelles. — 1er prix, M, le marquis de Dampierre, déjà nommé ; 2, M. le comte de Bouillé (Roger), déjà nommé ; mentions honorables, M. Vignéras, à Excideuil (Dordogne), et M. le vicomte de Segonzac, déjà nommé.

3e CLASSE. — ESPÈCE PORCINE.

1re CATÉGORIE. — RACES INDIGÈNES.

Mâles. — 1er prix, M. Bugeaud, déjà nommé ; 2, M. de Saint-Amand (Jules), déjà nommé.

Femelles. — 1er prix, M. Bugeaud, déjà nommé ; 2, M. le baron de Royère, à Saint-Laurent (Dordogne) ; 3, M. de Saint-Amand (Jules), déjà nommé.

2° CATÉGORIE. — RACES ÉTRANGÈRES.

Mâles. — 1er prix, M. Exshaw, à Ménestérol (Dordogne) ; 2, M. Benoist du Buis, déjà nommé ; 3, M. Grolhier, à Nontron (Dordogne) ; 4, M. de Léobardy (F), déjà nommé ; 5, M. Paturel, déjà nommé ; mention honorable, M. de Léobardy (Ch.), déjà nommé.

Femelles. — 1er prix, M. de Léobardy (Ch.), déjà nommé ; 2, M. Montagut, à Marsac (Dordogne) ; 3, M. Muret de Pagnac, à la Jonchère (Haute-Vienne); 4, M. Souillac, à Périgueux (Dordogne); 5, M. Exshaw, déjà nommé ; mention honorable, M. Montagut, déjà nommé.

Mâles. — 1ᵉʳ prix, **M.** de Noussat, déjà nommé ; **2, M.** de Juniat, déjà nommé.

Femelles. — 1ᵉʳ prix, **M.** de Léobardy (Ch.), déjà nommé ; **2, M.** le vicomte de Segonzac, déjà nommé ; mention honorable, **M.** de Saint-Amand (Jules), déjà nommé.

4ᵉ CLASSE. — ANIMAUX DE BASSE-COUR.

Médaille d'argent. — Mme veuve Noirit et **M.** Guilbert à Périgueux (Dordogne) ; **MM.** Cantellauve, à Campsegret (Dordogne) ; **M.** Michel, déjà nommé.

Médailles de bronze. — Mme Benoist, à Moncaret (Dordogne) ; **MM.** Deschamps, déjà nommé ; Rongiéras, à Ladouze (Dordogne) ; Montagut, déjà nommé ; Hériaud, à Barret (Charente) ; le vicomte de Segonzac, déjà nommé ; de Valbrune, à Saint-Astier (Dordogne) ; de la Rivière, à St-Médard-de-Mussidan (Dordogne).

Machines et instruments agricoles.

1ʳᵉ SECTION. — EXPOSANTS DE LA RÉGION.

1ʳᵉ SOUS-SECTION. — TRAVAUX D'EXTÉRIEUR.

Charrues. — Rappel de Médaille d'or, **M.** Pialoux, à Agen (Lot-et-Garonne) ; 1ᵉʳ prix, **M.** Bernard, à Varaignes (Dordogne) ; rappel de médaille d'argent, **M.** Rivaud, à Angoulême (Charente) ; **2, M.** Masse, à Javerlhac (Dordogne) ; **3, M.** Barre, à Limoges (Haute-Vienne) ; mentions honorables, **MM.** Perrier et Reignier, à Périgueux (Dordogne). — *Charrues sous-sol.* — 1ᵉʳ prix, **M.** Masse, déjà nommé ; **2, M.** Clamagéran, à Pineuilh (Gironde). — *Charrues vigneronnes.* — 1ᵉʳ prix, **M.** Paris, à

Aulnay (Charente-Inférieure; 2, M. Marchegay, à Saint-Genis-des-Tongs (Charente-Inférieure).

Herses. — 1er prix, M. de Lentilhac, à Bourdeilles (Dordogne) ; 2, M. Desport aîné , à Nontron (Dordogne) ; mention honorable, M. Rivaud, déjà nommé.

Rouleaux. — 1er prix, M. Bouilly, à Bordeaux (Gironde) ; 2, M. Perrier, déjà nommé.

Scarificateurs et extirpateurs. — 1er prix, M. Boutin, à Fouguerolles (Dordogne) ; 2, pas décerné.

Semoirs. — 1er prix, pas décerné ; 2, pas décerné ; mention honorable, M. Bouilly, déjà nommé.

Houes à cheval. — 1er prix, M. Bouilly, déjà nommé ; 2, M. Paris, déjà nommé.

Butteurs.—Prix unique, M. Masse, déjà nommé ; mention honorable, M. Rivaud, déjà nommé.

Machines à faucher. — Rappel de médaille d'or, M. Legendre, à Saint-Jean-d'Angély (Charente-Inférieure).

Machines à faner. — Rappel de médaille d'or, M. Rivaud, déjà nommé ; idem, M. Bouilly, déjà nommé.

Rateaux. — Rappel de médaille d'argent, M. Bouilly, déjà nommé.

Machines à moissonner. — Rappel de médaille d'or, M. Legendre, déjà nommé.

Véhicules. — 1er prix, pas décerné ; 2, pas décerné ; mention honorable, M. Barre, déjà nommé ; idem, M. Bouilly, déjà nommé.

Pompes à purin. — 1er prix, pas décerné ; 2, M. Bouilly, déjà nommé.

Ruches. — 1er prix, M. Leneveux, à Agen (Lot-et-Garonne).

2ᵉ SOUS-SECTION. — TRAVAUX D'EXTÉRIEUR.

Manéges applicables aux divers besoins de l'agriculture. — Rappel de médaille d'or, M. Pialoux, à Agen (Lot-et-Garonne) ; 1er prix, M. Tritschler, à Limoges (Haute-Vienne) ; 2, M. Cusson, à Aiguillon (Lot-et-Garonne) ; 3, pas décerné.

Machines à vapeur fixes. — 1er prix, M. Masse, déjà nommé ; 2, pas décerné.

Machines à vapeur mobiles. — 1er prix, **M.** Andreau, à Lavalette (Charente) ; **2,** M. Bellangé à Thiviers (Dordogne).

Machines à battre mobiles, rendant le grain vanné. — Rappel de médaille d'or, **M.** Andreau, déjà nommé ; 1er prix, **M.** Bellangé, déjà nommé ; **2, M.** Tritschler, déjà nommé.

Machines à battre mobiles, ne vanant ni ne criblant. — Rappel de médaille d'argent, **M.** Pialoux, déjà nommé ; 1er prix, **M.** Pougnaud, à Ruffec (Charente) ; **2, M.** Fantoulier, à Périgueux (Dordogne).

Tarares. — Rappel de médaille d'or, **M.** Pialoux, déjà nommé ; 1er prix, **M.** de Segonzac, à Segonzac (Dordogne) ; **2, M.** Perrier, déjà nommé.

Cribles et trieurs. — Rappel de médaille d'argent, **M.** Baradeau, à Tonneins (Lot-et-Garonne ; 1, prix, **M.** Marot aîné, à Niort (Deux-Sèvres).

Concasseurs de graines. — 1er prix, M. Chalard, à Limoges (Haute-Vienne) ; **2,** M. Bouilly, déjà nommé.

Coupe-racines. — 1er prix, **M.** Reignier, déjà nommé ; **2, M.** Rivaud, déjà nommé.

Hache-paille. — 1er prix, **M.** Paris, déjà nommé ; **2,** M. Bouilly, déjà nommé.

Appareils à cuire les aliments. — Rappel de médaille d'argent, M. Delon, à Chalus (Haute-Vienne) ; 1er prix, **M.** Clamagéran, déjà nommé ; **2,** M. Mandavy, à Périgueux (Dordogne).

Baratles. — 1er prix, **M.** Desport, déjà nommé ; **2,** pas décerné.

Bascules. — 1er prix, pas décerné ; **2, M.** Dubouché fils, à Limoges (Haute-Vienne).

Pressoirs fixes. — 1er prix, **M.** Bazinet, à Mareuil (Dordogne) ; **2,** pas décerné ; 3, pas décerné.

Pressoirs mobiles. — 1er prix, pas décerné ; **2, MM.** Reignier père et fils, à Périgueux (Dordogne) ; 3, pas décerné.

Appareils de vinification. — 1er prix, MM. Petit et Robert, à Saintes (Charente-Inférieure); rappel de médaille d'argent ; M. Herne aîné, à Rouillac (Charente); **2 M.** Bouilly, déjà nommé ; 3, **M.** Rivière, déjà nommé.

Appareils de distilleries.— 1er prix, pas décerné ; **2**, pas décerné ; **3**, M. Mandavy, déjà nommé.

Collections d'instruments et d'ustensiles d'intérieur. — 1er prix, M. Cordebart fils, à Angoulême (Charente) ; **2**, pas décerné

INSTRUMENTS DIVERS.

Rappel de médaille d'or, **MM.** Domageau et Cailhava, pour l'ensemble de leur exposition ; médaille d'or, **M.** Masse, déjà nommé, pour sa charrue à vapeur ; rappel de médaille d'argent, **M.** Paris déjà nommé, pour son joug ; rappel de médaille d'argent, **M.** Pacqueray, à Castillon (Gironde), pour son sulfurateur ; rappel de médaille d'argent, 1er prix, **MM.** Chassaing et Peyrot, à Domme (Dordogne), pour leurs meules.

Médaille d'argent. — **M.** Cassanile, dit Lacau, à Port-Sainte-Marie (Lot-et-Garonne), pour son fourneau à cuire la prune ; **M.** Belliard, à Bellac (Haute-Vienne), pour son égreneuse à trèfle ; **M.** Boubès fils, à Bordeaux (Gironde), pour ses mangeoires et auges en béton.

Médailles de bronze. — **M.** Rivaud, déjà nommé, pour son laveur de racines ; **M.** Gouguet, à Angoulême (Charente), pour sa forge ; **M.** Dubourdieux aîné, à Thiviers (Dordogne), pour ses tuyaux de drainage ; **M. Marcon**, à Montravé (Dordogne), pour son modèle de cuvier.

Mentions honorables. — **M.** Clamagéran, pour sa barrière américaine ; **M.** Rivaud, pour sa pelle à cheval.

2e SECTION. — EXPOSANTS ÉTRANGERS A LA RÉGION.

1re SOUS-SECTION. — TRAVAUX D'EXTÉRIEUR.

Charrues. — 1er prix, pas décerné ; **2**, idem ; **3**, idem ; rappel de médaille d'argent, **M.** Berg, à Nozay (Loire-Inférieure). — *Charrues sous-sol.* — 1er prix, M. Berg, déjà nommé ; **2**, M. Renault-Gouin, à Ste-Maure (Indre-et-Loire). — *Charrues vigneronnes.* — 1er prix, pas décerné ; **2**, M. Renault-Gouin, déjà nommé.

Herses. — 1er prix, M. Cresswel, à Paris.

Houes à cheval. — 1er prix, pas décerné ; 2, M. Berg, déjà nommé.

Faucheuses. — Rappel de médaille d'or, M. Peltier jeune, à Paris ; idem, MM. Daubrée et Cie, à Clermont (Puy-de-Dôme) ; idem, M. Cresswel, déjà nommé.

Faneuses. — Rappel de médaille d'or, M. Cresswell, déjà nommé.

Rateaux à cheval. — Rappel de médaille d'argent, M. Peltier, déjà nommé ; idem, M. Cerisier fils, à Chatellerault (Vienne).

Moissonneuses. — Rappel de médaille d'or, MM. Daubrée et Cie, déjà nommés.

Pompes à purin. — 1er prix, MM. Daubray et Cie, déjà nommés.

Collections d'instruments à main. — 1er prix, pas décerné ; 2, pas décerné ; mention honorable, M. Cresswell, déjà nommé ; idem, M. Berg, déjà nommé.

2e SOUS-SECTION. — TRAVAUX D'INTÉRIEUR.

Manèges. — Rappel de médaille d'or, M. Maréchaux, à Montmorillon (Vienne) ; idem, M. Pinet fils, à Abilly (Indre-et-Loire) ; 1er prix, pas décerné ; 2, M. Renaud, à Nantes (Loire-Inférieure) ; 3, M. Brethon, à Tours (Indre-et-Loire).

Machines à vapeur mobiles. — Rappel de médaille d'or, MM. Massonnet-Nassivet et Cie, à Nantes (Loire-Inférieure) ; idem, M. Lotz ainé, à Nantes (Loire-Inférieure) ; 1er prix, pas décerné ; 2, M. Cressewell, à Paris (Seine).

Machines à battre, rendant le blé vanné. — 1er prix, pas décerné ; 2, M. Cressewell, déjà nommé ; 3, pas décerné.

Machines à battre mobiles ne vannant ni ne criblant. — Rappel de médaille d'or, M. Pinet, déjà nommé ; 1er prix, MM. Tertrais et Carlier, à Chatellerault (Vienne) ; 2, M. Brethon, déjà nommé.

Tarares. — Rappel de médaille d'argent, M. Corroy, à Neufchâteau (Vosges) ; idem ; M. Lotz aîné, déjà nommé ; idem, MM. Sentis et Verdun, à Lectoure (Gers) ; 1er prix, M. Renaud, déjà nommé ; 2, M. Maréchaux, déjà nommé.

Cribles et tricurs. — Rappel de médaille d'argent, M.

Peltier jeune, déjà nommé ; 1er prix, **M.** Josse, à Ormesson (Seine-et-Oise) ; **2**, **M.** Pesson, à Bourges (Cher).

Concasseurs de graines. — 1er Prix, **M.** Peltier jeune, déjà nommé ; **2**. **M.** Cresswell, déjà nommé.

Coupe-racines. — 1er Prix, **M.** Peltier, déjà nommé ; **2**, **M.** Cresswell, déjà nommé.

Barattes. — 1er Prix, **M.** Charles, à Paris (Seine).

Pressoirs mobiles. — 1er Prix, pas décerné ; **2**, **M.** Pichot, à Mont-sur-Guesne (Vienne) ; **3**, **M.** Daubrée, déjà nommé.

Appareils de vinification. — 1er Prix, pas décerné ; **2**, **M.** Pichot, déjà nommé ; **3**, **M.** Renaud, déjà nommé.

Collection d'instruments et d'ustensiles. — 1er Prix, pas décerné ; **2**, **M.** Peltier, à Châtellerault (Vienne).

Machines et instruments non prévus dans le programme. — Rappel de médaille d'or, **M.** Carolis, à Toulouse, pour son égrenoir ; rappel de médaille d'argent, **M.** Beziat, à Paris, pour son cric.

Médaille d'argent. — **M.** Renaud, déjà nommé, pour son égrenoir à maïs.

Médaille de bronze. — **MM.** Brethon, déjà nommé.

Produits agricoles

ET MATIÈRES UTILES A L'AGRICULTURE.

Rappels de médailles d'or. — M. Galland, de Ruffec (Charente), pour ses travaux d'hybridation des céréales ; **M.** Desport aîné, de Nontron (Dordogne), pour les engrais phosphatés de la fabrique Pichelin frères, dont il est le dépositaire dans la Dordogne.

Médailles d'or. — **M.** Marcon, à Lamothe-Montravel (Dordogne), pour sa collection de vins de St-Emilion et pour l'introduction dans la Dordogne d'une méthode de taille perfectionnée ; **M.** de Lamothe, de Périgueux (Dordogne), pour collection de produits de l'agriculture locale.

Médailles d'argent. —M. Benoist, de Moncaret (Dordogne), pour ses vins de l'année 1863 ; M. Durand de Corbiac, de Bergerac (Dordogne), pour ses vins rouges de 1857 et et 1859 ; M. de Lotherie, de Juillac-le-Coq (Charente), pour ses eaux-de-vie de 1863 ; M. Galard de Béarn, de Connezac (Dordogne), pour son eau-de-vie ; M. de Lentilhac, de Bourdeilles (Dordogne,) pour collection des produits de l'agriculture locale ; M. de Segonzac, à Segonzac (Dordogne), pour collection de produits et d'objets nécessaires à la pratique rurale.

Médailles de bronze. — Dulac, de St-Léon-sur-Vézère (Dordogne, pour ses vins de différentes années ; M. Maurin, à Echallat (Charente), pour ses eaux-de-vie de 1844 et 1863 ; M. de Presles, à Cherveix (Dordogne), pour ses eaux-de-vie de 1862; M. le le vicomte d'Auber de Peyrelongue, de Marmande (Lot-et-Garonne), pour son tabac et son mode de conservation de raisins ; M. Leneuveux, soldat au 17e de ligne, en garsison à Agen (Lot-et-Garonne), pour ses travaux en apiculture ; M. Gallaud, à Puymoyen (Charente), pour sa chaux animalisée ; MM. Dupleix, de Bordeaux (Gironde), pour leurs engrais de vignes et autres ; M. Bordas aîné de Saint-Front-d'Alemps (Dordogne), pour sa collection de racines et de grains ; M. Apercé, à Chaury (Deux-Sèvres), pour sa collection de produits dans la localité ; M. Dupuy (Jules), à Sorges (Dordogne), pour ses vins ; M. de la Rivière, à Saint-Médard-de-Mussidan (Dordogne), pour ses vins ; M. Lebélis fils, du Mas-d'Agenais (Lot-et-Garonne), pour son tabac ; M. de Saint-Amant (Jules), déjà nommé, pour ses pruneaux d'Agen.

Mentions honorables. — M. de Valbrune, de St-Astier. (Dordogne), pour ses vins ; M. Magne, à Trélissac (Dordogne), pour ses toisons mérinos.

Récompenses aux agents de l'exploitation qui a obtenu la prime d'honneur. — Médaille d'argent et 150 fr. à M. Rageaud, chef d'attelages ; médaille d'argent et 150 fr. à M. Jean Lacombe, chef de main d'œuvre ; médaille d'argent et 100 fr. à M. Pierre Sargenton, maître vigneron ; médaille de bronze et 60 fr. à M. Pierre Lafont, garde chargé des irrigations ; médaille de bronze et 20 fr. à M. Pierre Lavandier, chargé des mêmes travaux; médaille de bronze et 20 fr. à M. Louis Dignac, valet bouvier.

Récompenses aux serviteurs ruraux, pour soins aux animaux primés. — Médaille d'argent et 60 fr. au sieur Adolphe Trachsel, employé chez M. le marquis de Dampierre ; médaille d'argent et 60 fr. au sieur Jean Dejacques, employé chez M. de Léobardy ; médaille d'argent et 60 fr. au sieur Fournier, employé chez M. Pouysat ; médaille d'argent et 60 fr. au sieur Paillé, employé chez M. Michel ; médaille de bronze et 50 fr. au sieur Ballions, employé chez M. de Séguineau de Lognac ; médaille de bronze et 50 fr. au sieur Maroy, employé chez M. le vicomte de Segonzac ; médaille de bronze et 40 fr. au sieur Lalaurie, employé chez M. de Saint-Amant; médaille de bronze et 48 fr. au sieur Jean Réaux, employé chez M. Beaudet ; médaille de bronze et 40 fr. au sieur Gourgues, employé chez M. Saige ; médaille de bronze et 40 f. au sieur Jean Serre, employé chez M. Vignéras.

(Extrait du *Périgord.*)

FIN.

PÉRIGUEUX. — IMPRIMERIE DE J. BOUNET.

TABLE DES MATIÈRES.